创新杯
编织人生 编织大赛
作品集

编织人生 主编

辽宁科学技术出版社
沈 阳

编委会

Cookiecake 一帘幽梦 洳果是 小 凡 羽 柔 吴晓丽 叶 琳 骆 艳
郁左左 朱海燕 徐 玲 刘 香 邰海峰 金 凯 朱 建 邹小龙 张海侠
蔡春红 惠 科 钱晓伟 陆浩杰 韩金燕 李 凯 周 敏

图书在版编目（CIP）数据

创新杯 编织人生 编织大赛作品集 / 编织人生主编. —
沈阳：辽宁科学技术出版社，2014.1
ISBN 978-7-5381-8348-1

Ⅰ . ①创… Ⅱ . ①编… Ⅲ . ①绒线—手工编织—图
集 Ⅳ . ①TU935.52-64

中国版本图书馆CIP数据核字（2013）第262645号

出版发行：辽宁科学技术出版社
　　　　　（地址：沈阳市和平区十一纬路29号 邮编：110003）
印 刷 者：辽宁彩色图文印刷有限公司
经 销 者：各地新华书店
幅面尺寸：210mm×285mm
印　　张：12.25
字　　数：400 千字
印　　数：1~5000
出版时间：2014 年 1 月第 1 版
印刷时间：2014 年 1 月第 1 次印刷
责任编辑：赵敏超
封面设计：大 伟
版式设计：大 伟
责任校对：李淑敏

书　　号：ISBN 978-7-5381-8348-1
定　　价：39.80元

联系电话：024-23284367
邮购热线：024-23284502
E-mail:purple6688@126.com
http://www.lnkj.com.cn

目录 / CONTENTS

清远
山水画马褂
SHANSHUIHUAMAGUA

设计者：IVYLEO

古典与现代的融合，不偏不倚地夹在传统和洋化的正中间，或复古，或文艺，或小清新，都能淋漓尽致地展现出来，中式旗袍融入山水画的创意更是绝佳，少了一份娇媚，多了一份温婉的气质，作品轻柔飘逸，意境悠远，构思巧妙。用毛线拼织出山水画，显示作者高超的编织技法。

织法详见：P77~78

2 笛影箫韵

三友图之二——竹

SANYOUTUZHIER——ZHU

设计者：LIULI7536

整个画面就像是一幅正徐徐打开的
水墨画，图未穷而青竹现，清丽脱
俗，体现了中华民族推崇的节与
雅，奠定了作品洒脱的基调。

织法详见：P79～80

织法详见：P81~82

3

性感时尚与古典雅致完美结合的旗袍

今生缘

JINSHENGYUAN

设计者：枫桥柳笛

这款旗袍很简洁，将立体裁剪法运用到编织中，结合羊绒的细腻，整件旗袍犹如第二层肌肤完美地贴合身材，舒适合体，显得格外性感优雅。

织法详见：P83～85

4

旗袍系列之青花蝶

QIPAⓌXILIEZHIQINGHUADIE

设计者：YINARLI

花动蝶影动，蝶飞花魂飞。一春秋，一轮回？蝶醉花迷永相随。民族与时尚的完美融合，优雅迷人。

设计者：玉如意手工坊

凤凰涅槃

FENGHUANGNIEPAN

凤凰经历烈火的煎熬和痛苦的考验，获得重生，并在重生中达到升华。以此典故寓意，不畏艰苦，义无反顾，不断追求提升自我的执着，比喻一种不屈不挠的奋斗精神和坚强的意志。

织法详见：P85～88

6

蝶
DIE

万花丛中翩翩起舞的蝴蝶，灵动奔放，
带来无限生机与活力。穿上它，似森林
中翩翩起舞的仙子，别样动人美丽！

设计者：飘gg

织法详见：P89~91：

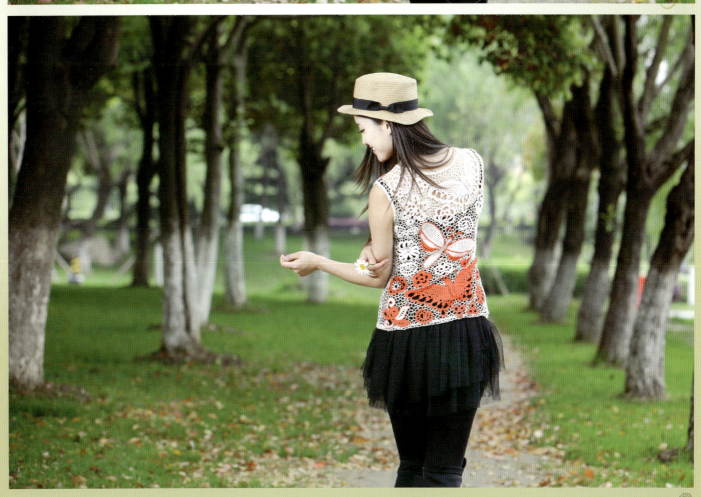

织法详见：P92

7

暗香疏影
ANXIANGSHUYING

设计者：小疙瘩

精致的盘扣，大胆的撞色，当民族风遭遇时尚色彩，一股编织风暴急速驶来，灵动绚烂。

织法详见：P93～94

气息
系列外套
XILIEWAITAO

设计者：袁敏

织法详见：P95

钩织穿梭于编织中，形成绕边连里的镂空扭花镶嵌在衣边、袖中部、后背下部，打破常规的表现形态，精湛的编织技艺和新颖的设计，给人以精神上的愉快感受，是一件实用大气的作品，通过钩编毛线制作成一件件长短不一，适合优雅女人穿着的毛衣外套，既沉稳又富于风度变化，又完整统一。

织法详见：P96~98

米葱　设计者：鱼儿

钩织结合长袖裙

GOUZHIJIEHECHANGXIUQUN

简单的葱衣，加长成毛衣裙，羊绒的细腻淋漓尽致地表现出温婉柔情。

10

烟花

设计者：。泇果是。

民族风提花开衫

MINZUFENGTIHUAKAISHAN

以底蕴深厚的青花瓷为基调，创意出民族风独特的提花开衫，匠心独具，大气从容。

织法详见：P98～99

织法详见：P100~102

爱尔兰拼花上衣
——刺玫瑰

AIERLANPINHUASHANGYI——CIMEIGUI

设计者：生活插曲

亮丽的橘色使你仿佛沐浴在阳光下，
感受着青春与活力，精致的爱尔兰拼
花，让整件衣服灵动而富个性。

织法详见：P103~104

12

红果
HONGGUO

设计者：编织玩家

密密实实的果子串联起整件衣服的律动美，前长后短的设计让整件衣服摆脱平庸，更显独特。

织法详见：P105~106

设计者：苗苗妈妈

13

看似复杂繁复的拼花，实际只需要多花一点耐心即可完成，从一朵一朵灵动的小花创意出整件旗袍形拼花衣，成就感油然而生。

丝路花雨裙

SILUHUAYUQUN

织法详见：P107

14

红色仙人掌
HONGSEXIANRENZHANG

设计者：小熊@BEAR

亮丽的玫红色，加上俏皮的仙人掌图案，让整件衣服生动而有个性。

织法详见：P108

I5

醉春风
ZUICHUNFENG

设计者：CHANG_602

温婉的女子，最是那一低头的温柔，
经典的浅灰色，百搭时尚。

织法详见：P109～110

出水莲 设计者：满天

钩针拼花外衣

GOUZHENPINHUAWAIYI

满满的拼花带来整件厚实保暖的外套，深紫色的花朵温暖优雅，尽显妩媚气质。

织法详见: P111~112

17 天香染衣

设计者: 小织手工

不规则下摆春秋裙衫

BUGUIZEXIABAICHUNQIUQUNSHAN

细腻的毛线带来单股的飘逸, 富贵的牡丹演绎大气从容。国色天香的牡丹, 搭配精致飘逸的羊绒衫, 浑然天成, 细腻优雅, 穿上瞬间突显雍容华贵之气。

菠萝公主

设计者：艺涵宝贝

玫瑰紫色钩针裙

MEIGUIZISEGOUZHENQUN

层层叠叠的菠萝花，可爱中带点朦胧，镂空花型，轻盈飘逸，时尚大气。

织法详见：P113~114

织法详见：P115

粉墨撞色

设计者：ょLEMONω～～～

手工DIY钉珠羊绒衫

SHOUGONGDIYDINGZHUYANGRONGSHAN

细腻的羊绒线，大胆的撞色钉珠，让整件衣服充满时尚温暖的气息。

织法详见：P116～119

20 雀之灵

设计者：秋燕

QUEZHILING

深蓝的优雅，随性而浪漫，钩织拼花设计，
打造成熟妩媚的迷人气息。

21

设计者：蝶舞风飞

粉红之恋

FENHONGZHILIAN

独特的造型让整件衣服充满灵动的美感，粉嫩的颜色让人爱不释手，深秋穿起出门，必定赚足回头率。

织法详见：P120

织法详见: P121~122

淡雅的紫色长裙。穿出一季的柔美优雅，高腰的设计拉长身材比例，颇具线条美感。

22

翩翩紫裙
PIANPIANZIQUN

设计者：夏雪1977

23

红霞蓝霭
连裤衣
LIANKUYI

设计者：LIULI7536

作品充溢着活力、青春、热情与干练。
整个作品以铁锈红为底色，奠定了热烈
奔放的基调。辅以蓝色边纹及雪花图
案，热烈中又不失端庄。

织法详见：P123～126

织法详见：P127～128

24

设计者：FUAIYONGZAH123

玫瑰相约两穿衣

MEIGUIXIANGYUELIANGCHUANYI

立体的玫瑰钩花衣，怎么穿都百搭美丽，时尚的你怎能不行动起来，为自己编织一个独特的玫瑰花园！

25

设计者：时光之染

似是故人来
轻中式外披

QINGZHONGSHIWAIPI

一红一绿，倒也有趣，钩织结合的款式，不规则的外披带来另类的设计感，视觉冲击十足。

织法详见：P129～130

织法详见：P131~132

26 灵犀 设计者：拈花一笑！

长款大圆领裙式通勤装

CHANGKUANDAYUANLINGQUNSHITONGQINZHUANG

秋意渐浓，套上这样一款OL风格十足的浅灰色毛衣，保暖实用，A款设计不挑身材，尽显迷人气息。

织法详见：P133~135

27

设计者：木木

简约
黑与白
HEIYUBAI

经典的黑白配，形象栩栩如生，钩织结合的背心裙，时尚大气，极具创意！

28

幸福微澜

XINGFUWEILAN

设计者：鱼儿的乐园

记忆的街头牵挂是风筝的线轴，马尾辫划过的印痕，久久在掌心停留，梦的深处，呢喃，是一股淡淡的忧愁。酒窝里浅浅笑靥，常常在心头逗留，推开窗，时光幸福地走过，晶莹的愿望，像绽放的焰火，慢慢让幸福微漾！

织法详见：P136

梦之衣

MENGZHIYI

设计者：法兰嘟嘟

简约大方的款式，非常温婉淑女，不用穿打底的钩针美衣，赶紧为自己钩一件，炫目整个夏天吧！

织法详见：P137~138

42

春之光 设计者：而已
钩布结合三件套裙装
GOUBUJIEHESANJIANTAOQUNZHUANG

用密实的长针做主体，经典的菠萝花做边饰，再选冰丝布料裁一件披肩，并在背部钩缝了一只春天少不了的蝴蝶，整体大方得体，简洁而不简单。

织法详见：P139～141

31

雅致 设计者：CRYSTALSTONE

披肩式外套

PIJIANSHIWAITAО

初秋的早晚间，一件优雅的驼色披肩式外套为美丽加分，细腻的羊绒带来极致顺滑的手感，女人味十足。

织法详见：P142

32

白日梦 设计者：ROMAMOR

BAIRIMEN

柔软的马海毛带来春的喜悦，让人喜不自禁，满心期待，钩织结合的款式让人爱不释手。

织法详见：P143~144

织法详见：P145～146

33

设计者：棉花虎的外祖母

娃娃款浆果花米色
韩式大衣

WAWAKUANJIANGGUO⊕HUAMISEHANSHIDAYI

精致细腻的米色线带来整件衣服的温暖纯净，大方实用的
款式让整个深秋变得灿烂夺目起来。

织法详见: P146~148

34

麻花情结

MAHUAQINGJIE

设计者：麻花情结

合体的设计搭配经典的麻花，让整件衣服惬意休闲，淡灰色的大气优雅让你在任何时候穿着都不会过时。

35

粉色"衣"人

FENSEYIREN

设计者：栗辰

粉色与灰色的搭配，经典大气，暖暖的毛线带来深秋的阵阵暖意，甜美温婉的小姑娘怎能错过。

织法详见：P149～150

春之歌

红色花朵公主裙&
披肩套装

HONGSEHUADUO⊕GONGZHUQUN&
PIJIANTAO⊕ZHUANG

36

设计者：~RUOYINGHUAN~

鲜艳的红色极富冲击性，
无不完美地诠释出婉约的
淑女风格，独特的两件套
裙，明快艳丽！

织法详见：P150～154

立体花朦胧短袖两件套裙

LITIHUAMENGLONGDUANXIULIANGJIANTAOQUN

37

设计者：青岛雯姐

织法详见：P155～157

镂空设计的高贵紫色立
体花套裙，成熟中跳出
些许俏皮可爱，时尚青
春气息迎面而来。

织法详见：P158～159

38 黑精灵
连衣裙
LIANYIQUN

设计者：YQFggg

鬼魅深邃的黑色透露出丝丝迷人诱
惑，恰到好处地衬托出东方女性的
柔美婉约。

一等奖

织法详见：P160～162

39

红结

设计者：Q232071

HONGJIE

中国结带来浓浓的民族风情，把艺术融入编织，编织出温暖时尚的围巾帽子，创意十足。

织法详见：P163

40

凤愿

正反双色渐变披肩

ZHENGFANSHUANGSE
JIANBIANPIJIAN

设计者：枫桥柳笛

时尚大气的渐变色披肩，
怎么穿都另类夺目，纯手
工的编织永远经典大气。

织法详见：P164~165

41

春暖花开披肩

CHUNNUANHUAKAIPIJIAN

设计者：苗苗妈妈

优雅的拼花披肩和旗袍相应成趣，两者巧妙融合相应成趣，别有一番复古风情。

织法详见：P166~168

追日 设计者：玉如意手工坊

42

个性时尚项链式
围脖帽子组合

GEXINGSHISHANGXIANGLIANSHI
WEIBOMAOZIZUHE

经典的鸭舌帽配以温暖的毛线编织，
时尚的项链式围脖，创造了新的编织
花样，简约大牌，令人称赞！

43

洛伊 设计者：。泇果是。

拉风围脖
帽子套装

LAFENGWEIBOMAOZITAOZHUANG

个性的帽子围脖组合，到哪里都是一道亮丽的风景，超大牌的设计带来冬日的暖心搭配。

织法详见：P169

织法详见：P170～171

44

樱花 设计者：棉花虎的外祖母

轻舞飞扬百搭披肩

QINGWUFEIYANGBAIDAPIJIAN

初见这款披肩就让人想到了满树的樱花飞舞。

织法详见：P172

45

比利时之夜

BILISHIZHIYE

设计者：浅墨山岚

深邃的黑色带来繁复的比利时拼花披肩，优雅大气，经典百搭，戴上这样一条披肩出门，想不惹眼都难吧！

织法详见：P173

46

设计者：因为爱所以爱

布拉格之春

BULAGEZHICHUN

暖暖的披肩带来春的气息，沁人心脾，甜蜜在嘴角慢慢荡漾开来。

织法详见：P174～175

47

绿蝴蝶披肩

LVHUDIEPIJIAN

设计者：月儿的毛衣

绿蝴蝶翩翩起舞，仿佛在你耳边低吟，春天已到，尽情去玩耍吧！

48

双层围脖

SHUANGCENGWEIBO

设计者：夏雪1977

紫色和黑色的完美结合，双层围脖为你更平添一分美丽。

织法详见：P176

织法详见：P177

49

绚丽冬季

XUANLIDONGJI

设计者：KUAILEREN

绚丽的色彩带来整个冬季的温暖，暖暖的毛线串起整个世界的甜蜜柔情。

织法详见: P178

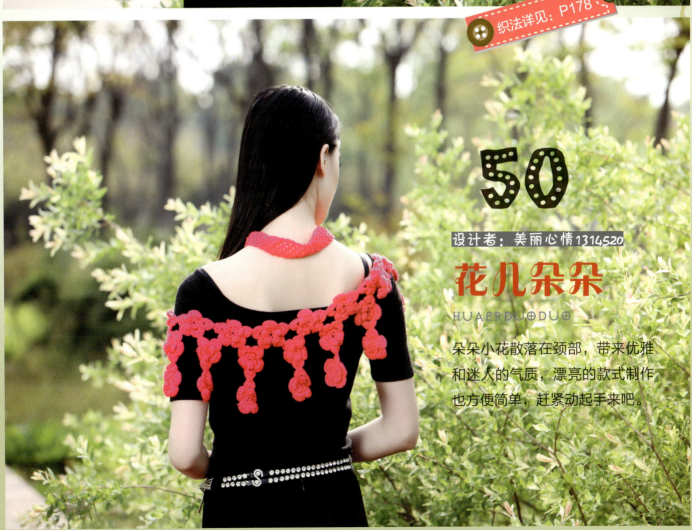

50

设计者: 美丽心情1314520

花儿朵朵

HUAERDUODUO

朵朵小花散落在颈部，带来优雅和迷人的气质，漂亮的款式制作也方便简单，赶紧动起手来吧。

织法详见：P179～180

51

御风 设计者：袁敏

YUFENG

此披肩打破常规的表现形态，优
美的制作技艺带来新鲜的观念，
是一件能给人以精神上的愉快感
受，又具有实用价值的作品。

织法详见：P181

52

红红的日子
披肩

HONGHONGDERIZIPIJIAN

设计者：冬天的草2

火红的披肩给沉闷的冬日洒下一
股暖阳，高贵艳丽，细腻柔软，
温暖之风在冬日街头弥漫开来。

织法详见：P182

53

红色嘉年华

设计者：KUAILEREN

HONGSEJIANIANHUA

红红的帽子围巾在第一眼就牢牢抓住了人的视线，既美丽又实用的帽子围巾款式，制作也并不繁复，赶紧为自己编织一套吧。

54

三色波纹

SANSEBOWEN

设计者：XIAOTUNTUN

似层层波浪推开而来，双色搭配和谐细腻，相映成趣，别有一番风味。

织法详见：P183~184

皇冠

设计者：YUNYINGogo2

HUANGGUAN

粉色加上灰色的搭配清爽亮眼，让人
爱不释手，独特的造型像为公主加
冕，绝对的时尚又夺目。

55

织法详见：P185～187

织法详见：P188

设计者：5528808

56 粉色珠串披肩

FENSEZHUCHUANPIJIAN

粉色的披肩上点缀了好些亮珠，让
整件衣服变得灵动跳跃起来，粉绿
的大胆搭配演绎别样的趣味。

57

霞帔
XIAPEI

设计者：514668g

串珠款披肩优雅大方，经典百搭，冬日戴上，绝对保暖又时尚。

织法详见：P189

织法详见：P190

58

设计者：天使手工001

纯情似雪
套头披肩
TAOTOUPIJIAN

纯情似雪，或许是对往昔岁月的淡淡眷恋，或许是对曾经沧海的黯然回首，又或许是一朵未曾真正开放的小花，在心间莞尔微笑。但无论是什么，这四个字都是女人心中的永恒梦想，哪怕已然凋谢，也依然期盼～

织法详见：P191

59 围巾帽子

WEIJINMAOZI 设计者：LTLTZXA温暖

简约的帽子围巾，带来暖暖的时尚气息，一起
编织吧，给冬日多一份的温暖。

织法详见：P192

60 紫韵
ZIYUN

设计者：秋燕

高贵的紫色衬托出迷人的气质，纯净的颜色从内而外散发出一种成熟的气质，诉说着点滴浪漫情怀。

61 灰霭
HUIAI

设计独特新颖，合体流畅，可爱又俏
皮，约会或者购物，戴上它，绝对亮
眼，想避开大家的目光都难。

织法详见: P193~194

织法详见：P195~196

62

设计者：1617188605

太阳花

TAIYANGHUA

鲜艳到极致的颜色，仿佛赋予了整个帽子围巾以灵动的生命。让你瞬间活力四射，动感十足。

清远·山水画马褂

【成品规格】衣长85cm，胸围90cm，肩宽35cm，袖长72cm

【编织密度】10cm²=23针×32行

【编织工具】11号棒针，8号蕾丝钩针，缝衣针

【编织材料】创新山羊绒线26支白夹灰、浅灰色、浅米色、淡粉色、浅咖啡色各50g，米色25g，卡其色羊绒线100g，白色美丽诺羊毛线50g，外销金丝线少许，领扣一对，小燕子领饰3个

【编织要点】

1. 衣服由前片、后片、领片和两片袖片组成，首先把卡其色羊绒线与外销金色线合股，其中前片和后片是3股羊绒线合股织的，采用缏丝的方法，即在不同位置用3种不同的颜色合股来织，用不同颜色的线混合出需要的色调，逐一配出需要的色块，袖片是一股卡其色和一股外销金丝合股线钩的。

2. 前片的织法：另线锁针起针法起120针织平针，下摆织圆下摆，中间40针不往返，两边按照8、7、6、5、4、3、2、1（5次）进行往返编织，即先织80针，再往前织8针后返回，到正面时往前织88针，再往前织7针然后返回，依此类推，一边往返结束后再往另一边，形成圆下摆，往返全部结束后继续平针，两边按照62-1-1，20-1-4各减5针，平织24行后收袖窿，两边先按照平收7针，2-4-1，2-3-1，2-2-2，2-1-2各减20针，再按照21-1-1，12-1-1，8-1-1在两边各加3针，平织5行后收斜肩，肩部按照2-6-2，2-5-2进行往返编织，收袖窿的同时往上织45行留前领，前领中间平收10针，两边按照2-4-1，2-3-1，2-2-1，4-1-1各减11针，最后两肩各剩22针往返编织后收边，前片织好后解开别锁辫子，用棒针伏针收边，用钩针沿弧形底边钩一圈引拔针以防止下摆卷边。

3. 后片的织法：后片起120针织平针，下摆同样织圆下摆，方法同前片，接着继续往上织平针，两边按照70-1-1加1针，平织104行后收袖窿，在两边按照平收4针，2-4-1，2-3-1，2-2-1，4-1-1各减14针，平织43行后收斜肩，方法同前片，后片不收后领，最后领口50针平收，后片中间留18针捏褶与两边缝合，后领变为32针，后片底边和前片同样的处理方式。

4. 袖片的织法（两片）：按照图示用8号蕾丝钩针起81针织花样A，1～8行往返片织不连接，9～79行为圈织，注意在第9行、第20行、第41行、第66行加针，袖山为片织，逐行减针共织24行，沿袖口开口处的一边钩花样B，最后沿袖口一圈和开口的另一边钩1行短针。

5. 用缝衣针把前片与后片的肩部缝合，衣身下摆作开衩处理，前片侧边留47行（15.5cm）、后片侧边留66行（20.5cm）不缝合，然后把剩余针数一直到腋下的两侧边缝合，沿缝合好的领口用卡其色羊绒线与外销金丝合股的线用钩针钩一圈短针。

6. 领片的织法：用白色美丽诺羊毛和11号棒针起93针，织花样C，然后参照图示位置减针，按照3-2-1，3-1-1，10-2-1减针后，剩余88针不加减织5行后平收。

7. 领片缝合的方法：领片两端各留出21针不缝合，中间46针的中间点与后领中间对齐后沿领口边缘缝合，最后用白色美丽诺毛线沿未缝合的前领口钩一行引拔针。

8. 最后在领子反面下端适当位置缝上领口，把小燕子领饰缝合在领片适当位置上。

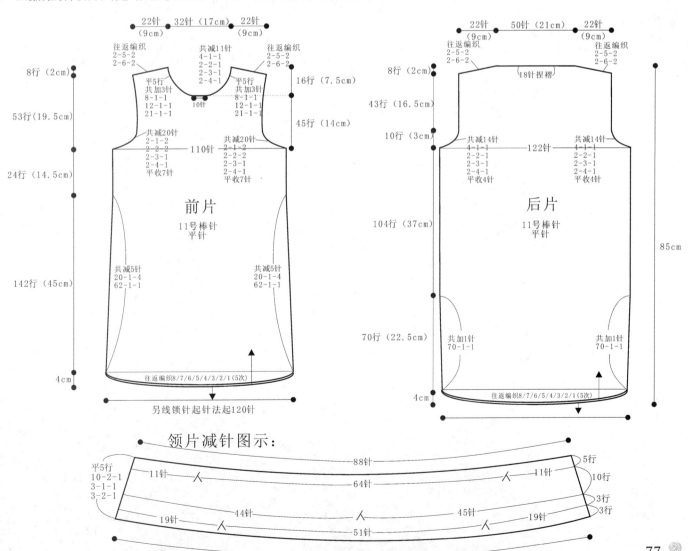

领片减针图示：

花样C:

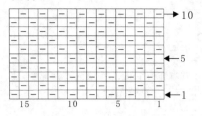

前片、后片和领片缝合图示:

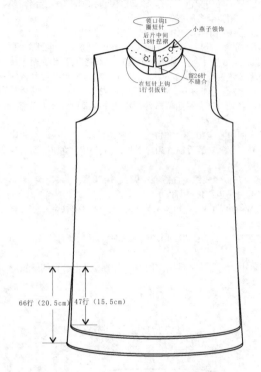

袖口花样图示:

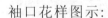
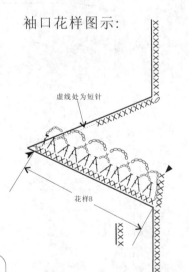

针法说明:

□=│=下针
−=上针
人=左上2针并1针
○=锁针
×=短针
ⴕ=长针
╤=长长针
Ⴤ=Y形针
→=编织方向
►=编织起点
►=断线
▷=接线
•=引拔针
人=2长针并1针
→=编织方向

Y 形 针 的 织 法:
先用钩针在1针里勾出
1针长长针,再钩3针锁
针,然后钩针绕线,接着
从刚才钩好的长长针立
柱中间部位插入钩针,
钩1针长针。

袖片:花样A

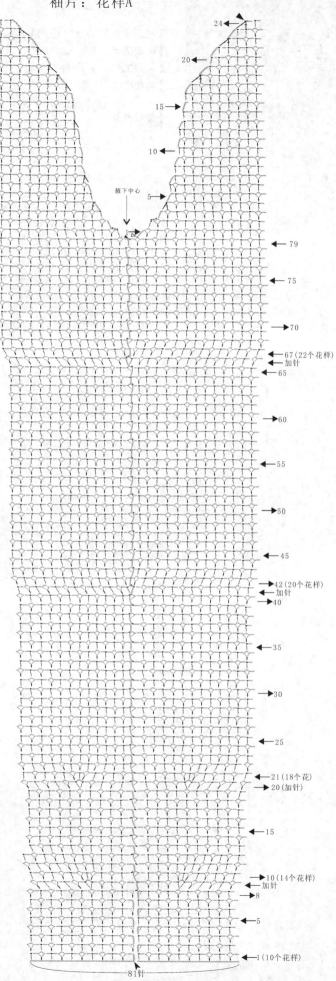

笛影箫韵·三友图之二——竹

【成品规格】 衣长86.5cm，胸围80cm，肩宽34cm

【编织密度】 平针：10cm²=20针×28行；花样：10cm²=19针×28行

【编织工具】 12号棒针

【编织材料】 创新黄金奶丝棉线孔雀蓝色100g，灰蓝色100g，天蓝色50g，浅灰色50g，米白色150g，零线墨绿色少许，军绿色少许，深灰色少许

【编织要点】

1. 本款连衣裙由前片、后片、右肩片和右侧片组成。

2. 后片的织法：起182针织双罗纹18行，然后按照后片图示中花样A的排列方法织240行花样A，纵向织4个花样A后，第5个花样A的两侧织平针，同时在两边按照43-1-4、15-1-1、18-1-1、22-1-1、28-1-1各减8针，接着平织4行后把此时针数（166针）左右各留44针的位置捏2个褶，每个褶14针，7针与7针重叠并织，相当于这1行减了14针，152针织25行双罗纹后，把此时针数按照图示分为5部分，左右两边各2份织花样C（7针）和双罗纹（8针），中间122针织平针，织60行后开始收袖窿，按照图示方法两边各减22针，收袖窿的同时，中间44针织花样B，两边织平针，花样B织60之后中间58针织双罗纹，双罗纹织5行后，中间平收52针，两边按照8-1-1、2-1-2各减3针，两肩各剩25针，不加减织2行后平收。

3. 前片的织法：起126针，中间112针织18行双罗纹，两边各7针织花样C，接着按照前片图示中织花样C的排列方式编织，靠右侧纵向织9个花样后花样C的左边8针织双罗纹，左边纵向织13个花样后，花样C的右边8针织双罗纹，中间剩余针数继续往上织上针，到边一共织86.5cm，中间平针部分92针织双罗纹16行，右侧8针双罗纹的左边按照3-1-2、2-1-5织7针，最后按照双罗纹收边的方法收边。

4. 右侧片的织法：起64针，织18行双罗纹，接着织花样B，同时在两边按1-1-1、7-1-1、8-1-29各减31针，最后剩2针平收。

5. 右肩片的织法：起56针，中间42针织花样B，两边各7针织花样C，同时按照右肩图示上减针方法左边减10针，右边减7针，肩部剩39针，从底边算起共织72行后收边。

6. 按照连衣裙拼接图示把前片、后片两侧缝合，袖洞留21cm高。

7. 按照竹子茎图解和叶子图解，钩竹茎两条，竹叶若干，按照印章制作方法制作一个印章，以上均制作完成后缝合在前片适当位置上，小片竹叶用毛线绣在前片上。

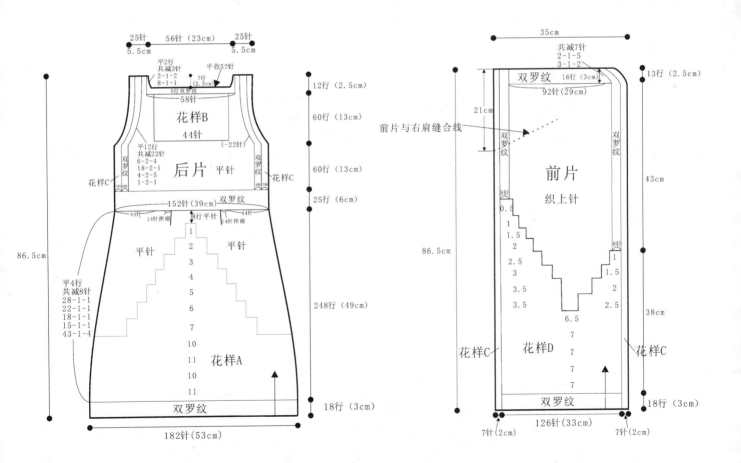

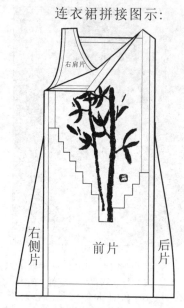

连衣裙拼接图示：

右肩片

右侧片　前片　后片

2针

54cm

共减31针
8-1-29
7-1-1
1-1-1

共减31针
8-1-29
7-1-1
1-1-1

右侧片
花样B

240行（51cm）

双罗纹

18行（3cm）

64针（18cm）

右肩片：

39针
5.5cm

共减10针
10-1-1
5-1-5
4-1-3
10-1-1

共减7针
6-1-1
9-1-2
6-1-1
5-1-2
8-1-1

72行（16cm）

花样C　花样B　花样C

7针（2cm）　42针　7针（2cm）

花样A：　□=I

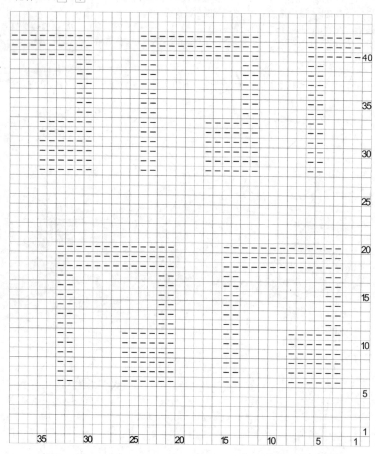

40
35
30
25
20
15
10
5
1

35　30　25　20　15　10　5　1

花样B：　□=I

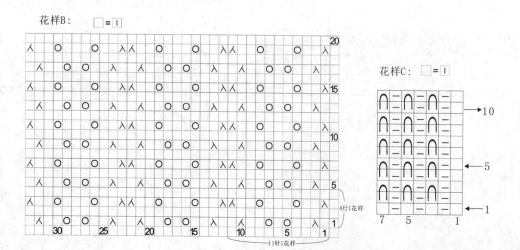

20
15
10
5

30　25　20　15　10　5　1

4行1花样

11针1花样

花样C：　□=I

→10
←5
←1

7　5　1

性感时尚与古典雅致完美结合的旗袍·今生缘

【成品规格】衣长76cm，胸围78cm
【编织密度】下针编织：10cm²=44针×52行
【编织工具】1号棒针，1.0mm钩针
【编织材料】深蓝色毛线280g，白色细棉线30g
【编织要点】
　　1. 先用棒针依照结构图加减针方法编织圈状完整裙片。
　　2. 编织领片并与裙片相拼接。
　　3. 依照花样图所示编织完整各花样，并固定在衣身片相应位置处。

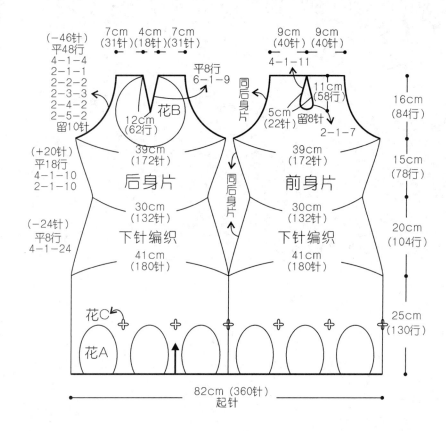

（−46针）
平48行
4−1−4
2−1−1
2−2−2
2−3−3
2−4−2
2−5−2
留10针

7cm　4cm　7cm
（31针）（18针）（31针）

平8行
6−1−9

花B

12cm
（62行）

39cm
（172针）

后身片

30cm
（132针）

下针编织

41cm
（180针）

9cm　9cm
（40针）（40针）

4−1−11

11cm
（58行）

5cm　留8针
（22针）

2−1−7

同后身片

39cm
（172针）

前身片

30cm
（132针）

下针编织

41cm
（180针）

同后身片

16cm
（84行）

15cm
（78行）

20cm
（104行）

25cm
（130行）

（+20针）
平18行
4−1−10
2−1−10

（−24针）
平8行
4−1−24

花C

花A

82cm（360针）
起针

领片

（−22针）
2−1−14
2−2−4

30cm
（132针）

上针编织

7cm
（36行）

9cm　　3cm　　9cm
（40针）（14针）（40针）

★　★

☆　　☆

☆ 2.5cm（10针）

★ 7cm（31针）

结构示意图

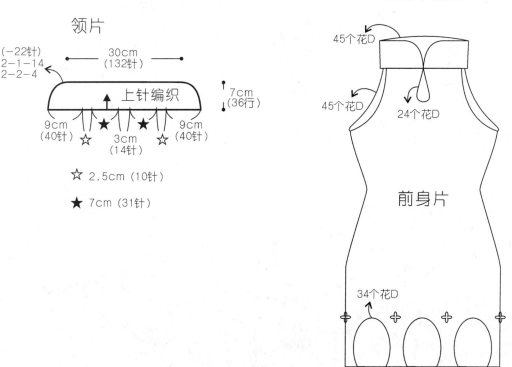

45个花D

45个花D

24个花D

前身片

34个花D

81

花样编织A

花样编织D

花样编织C

花样编织B

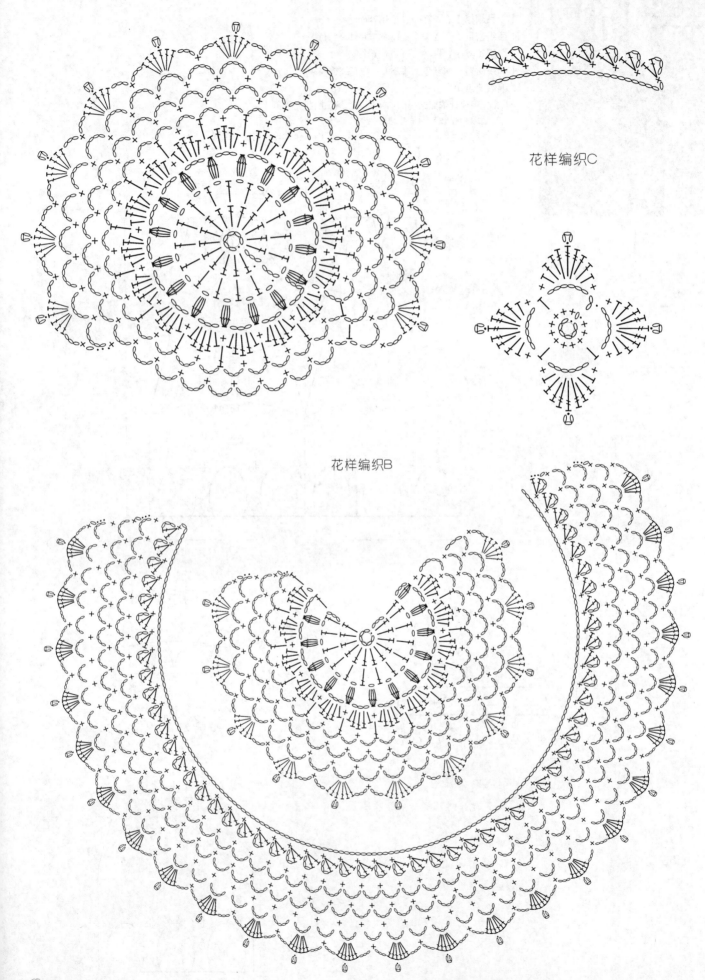

旗袍系列之青花蝶

【成品规格】衣长87cm，胸围80cm

【编织密度】10cm²=40针×55行

【编织工具】14号、15号棒针

【编织材料】创新极品山羊绒线白色210g，宝蓝色50g，各色亮片少许

【编织要点】

1. 后片：先起221针，根据底边和旁边的尺寸一分为三，底边131针，两侧边各45针，在底边和旁边的交界处隔行织3针并1针，同时提花蝶，提花蝶织完后旁边的提花部分暂停编织，织中间白色部分，织的同时两边按照图示加针，然后与旁边的两侧边缝合，缝合后在侧面各挑16针织正身；两侧按图示加减针织出腰线，织52cm开挂肩，按图示各收13针，肩用引退针织斜肩，后领窝留6行，平收中间59针，两侧逐渐减针。

2. 前片：织法同后片；按图织提花图案，青花与蝶待织好后平绣即可；领口织3个圆弧，左右两个对应，用引退针法织成。

3. 领及各边缘：领沿领窝挑135针织边缘花样，角收成圆角，边缘用蓝色织边，并用钩针针钩一行逆短针；各边缘同，以防卷边。

4. 扇：起216针织六角形，织12行蓝色包扇骨，再织边缘花样，里面织白色；按图示减针，最后12针穿起抽紧；并钩花点缀。

5. 缀饰：钩一朵小花并用银丝环边，装饰扇中心；扇柄钩一条小绳并串珠装饰；青花与蝶及提花图案分别点缀亮片；领打一盘扣，完成。

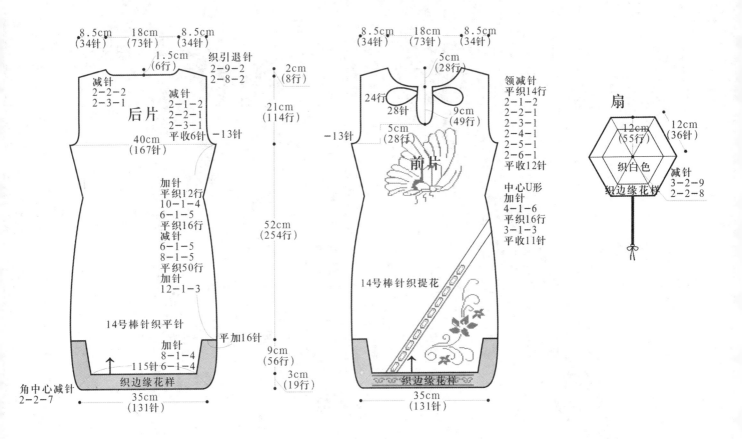

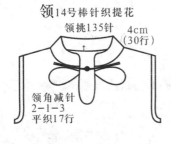

领14号棒针织提花

领挑135针　4cm（30行）

领角减针
2-1-3
平织17行

盘扣的做法

钩小花点缀扇心

针法符号说明
○=辫子
×=短针
T=长针

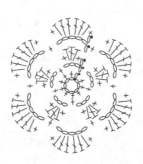

边缘花样

□=白色
■=蓝色

提花及青花绣图

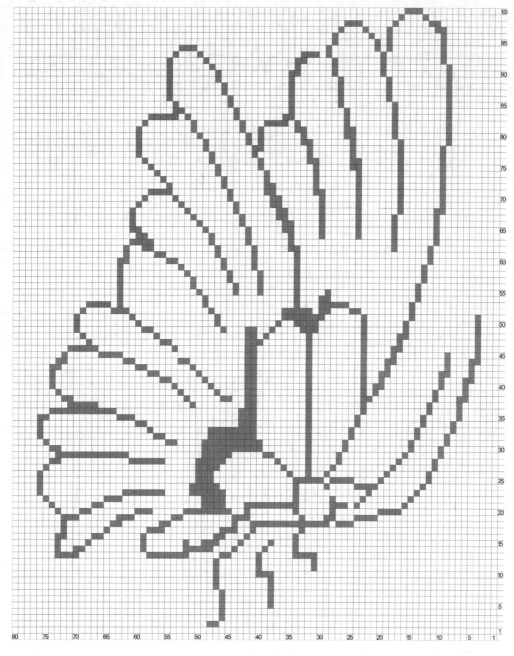

□ =白色
■ =蓝色

青蝶绣图

凤凰涅槃

【成品规格】衣长78cm，胸围90cm，肩宽38cm，袖长51cm

【编织密度】10cm²=33针×43行

【编织工具】11号、12号环形针，缝衣针，2.0mm钩针

【编织材料】创新极品山羊绒线红色500g，黑色100g，灰色少许，蓝色少许，各色亮片、管珠、米珠、绣
　　　　　　线、金丝、银丝各少许，16颗1cm大小的方形亚克力纽扣

【编织要点】

1. 整件衣服由左前片、右前片、中间片、下摆片、后片、领片和2片袖片组成。

2. 下摆片的织法：用红色毛线11号环针起290针片织41行花样A，左右各1针上针缝合，中间12个花样，24针1花样，共12个花样，织完平收侧边缝合。

3. 后片的织法：用红色毛线在下摆片上针那一行的反面挑154针，用12号环针织平针，在两边按照32-1-1、10-1-2、8-1-2、6-1-8各减13针，再两边按照16-1-1、8-1-5各加6针，这里的加针和减针都是3针减2针，接着平织16行后开始袖窿收针，两边按照平收6针，1-2（5针收2针）-1、4-2（5针收2针）-4各减16针；分腋后往上织80行开始收后领，中间平收34针，两边按照2-3-1、2-2-2各减7针，收后领的同时留斜肩，斜肩按照2-6-5往返编织直至结束。

85

4. 前片的织法：左右前片的织法相同，减针、加针方向相反，以右前片为例，用红色毛线在下摆片上针那一行的反面挑40针，12号环针织平针，左边腋下减针和加针的方法同后片，袖窿收针，斜肩的织法也同后片，同时右边按照16-1-1，12-1-17逐渐加针至前领口，这里的加针都是在边上第3针右边加1针，接着开始织前领，按照2-1-5减5针。

5. 中间片的织法：中间片包括四个步骤，先织中间凤黑片，用黑色毛线起79针织平针两边按照16-1-1，12-1-17各减18针，这里的减针都是4针收2针，凤黑片织222行开始收前领，中间平收19针，两边按照2-4-1，2-3-1，2-2-2，各减11针，最后两边各剩1针平收，凤黑片织完后两边各留2针，中间用灰色毛线加一股银丝参照图示绣上提花图案；然后用黑色毛线在两个侧边挑189针参照图示织提花部分，两边提花上边按照2-1-5分别加5针，按照图示织2行后，换红色毛线织6行空心针，织完空心针后按照收单罗纹的方法收边，织完再用灰色毛线绣上提花图案；接着织中间片的领边，用红色毛线12号环针沿凤黑片上边挑51针，两边提花的上边各挑14针，一共79针织机器领边，挑完79针先织1行上针，3行下针，接着在反面刚才挑针的红线处再挑79针织3行下针，然后从正面把刚才织的正反面2片并起来织，织9行下针后平收成卷领；最后用红毛线12号环针沿中间片的下边挑107针，织6行空心针，织完按照收单罗纹的方法收边。

6. 参照凤黑片上凤凰和祥云图示及说明制作好缝合在凤黑片适合的位置，用蓝色毛线2.0mm钩针钩16根绳子作为盘扣缝合在中间片适当位置，在左右前片的对应位置缝上亚克力纽扣。

7. 用钩针引拔缝合法把左前片、右前片和中间片的凤黑片左右两边对应缝合，中间片的下部空心针部分与下摆片重叠，使凤黑片的黑色边缘与下摆片的边缘对齐，用缝衣针把中间片的空心针下边缘与下摆片的缝合。

8. 袖片的织法（2片）：用11号环针起123针从袖口开始，先织40行花样A，24针1个花样，共5个，再加上左边1针上针，右边2针上针，注意第39行隔1针2针并1针，均匀减掉42针；81针接着往上不加针不减针织33行花样B；然后换12号环针开始织平针部分，两边按照12-1-5各加5针，平织18行开始收袖山，两边按照平收7针，（4-1-1，4-2-1）循环7次，4-2-2各减32针，最后剩余27针平收；用11号环针沿花样B的2行上针处各用黑线每一针对应挑起，来回织2行下针后平收。

9. 把两片袖片与衣身缝合。

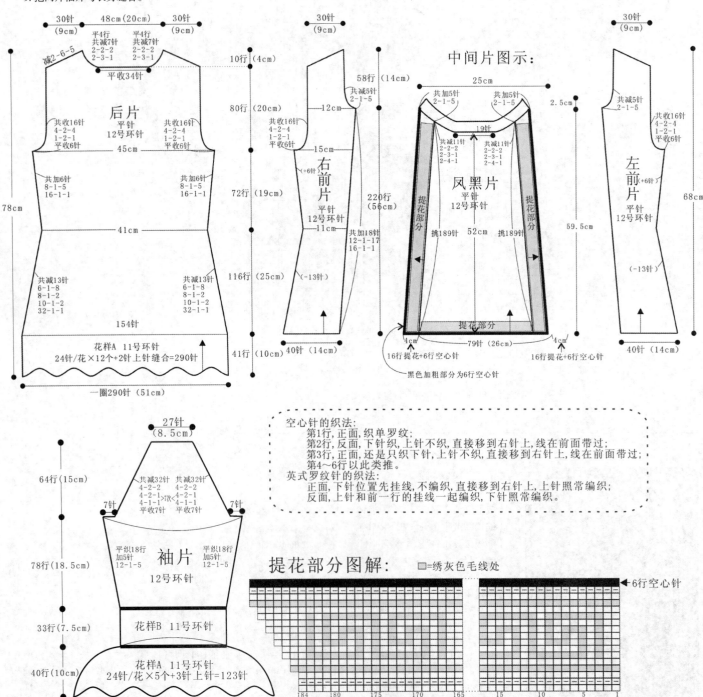

针法说明：

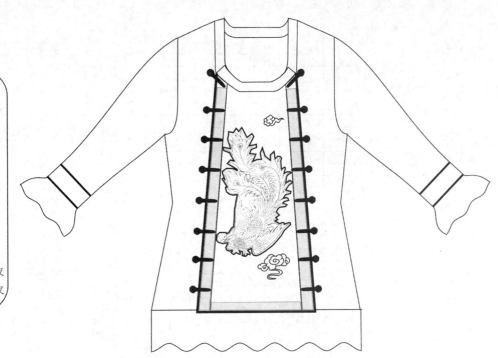

□ = Ⅰ = 下针	
− = 上针	
入 = 左上2针并1针	
入 = 右上2针并1针	
木 = 中间在上3针并1针	
○ = 空针	
⋓ = 卷针	
∩ = 英式罗纹针	
= 下针左上2针交叉	
= 下针右上2针交叉	
= 左边2针下针在上和右2针上针交叉	
= 右边2针下针在上和左2针上针交叉	

凤凰轮廓图：

玉如意图示：

祥云图示：

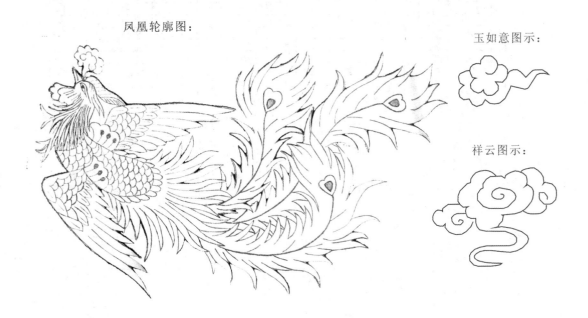

凤黑片上的凤凰、玉如意及祥云制作说明：

1. 凤凰的制作方法：准备一块25cm×35cm左右黑色绵绸布，按照凤凰轮廓图把亮片、管珠、米珠、绣在相应的位置，绣完之后沿凤凰边缘把多余的布剪去，再用黑色绣线把绣好的凤凰布片缝在中间片适当的位置。

2. 玉如意的制作方法：先取少许黄色毛线用2.0mm钩针钩一条45cm左右长辫子，然后再参照玉如意图示用一股黄色线加一股金丝缝在中间片相应位置。

3. 祥云制作方法：先取少许灰色线用2.0mm钩针钩一条95cm左右长辫子，然后再参照玉如意图示用一股灰色线加一股银丝缝在中间片相应位置。

下摆片花样A图示： ▨=无针

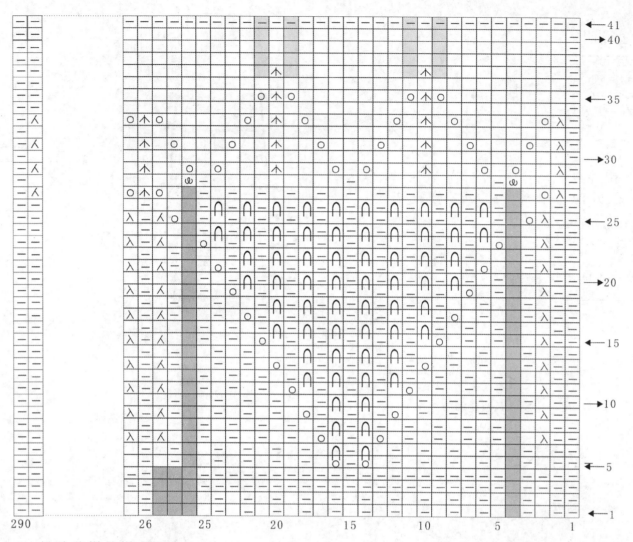

袖片花样花样B图示：

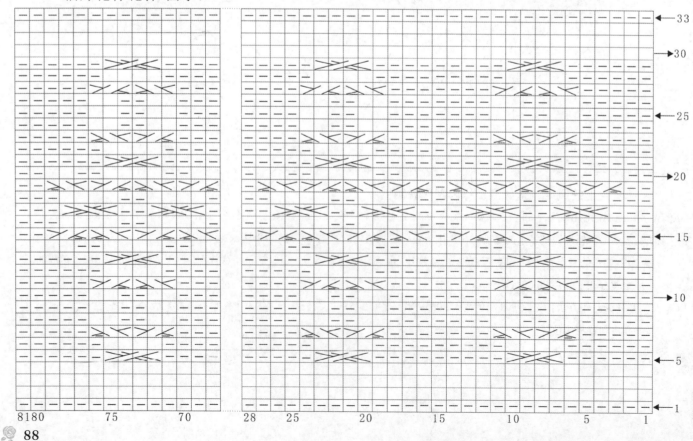

蝶

【成品规格】长55cm，胸围80cm
【编织工具】2.5mm可乐钩针
【编织材料】白色线120g，粉红色200g，橙色线250g
【编织要点】

1. 参照结构图的尺寸，裁剪出前片和后片的纸样。
2. 参照蜻蜓的图解和蝴蝶的图解，按照钩编顺序钩出1只蜻蜓和2只蝴蝶。
3. 参照1～12的图解，钩出结构图中的花样，将花样摆放在纸样上，空白位置用补花填补空缺。
4. 用白色线钩渔网针将各个花样连接起来。
5. 参照领口、袖口和下摆的花边图解钩花边1行。

结构图：

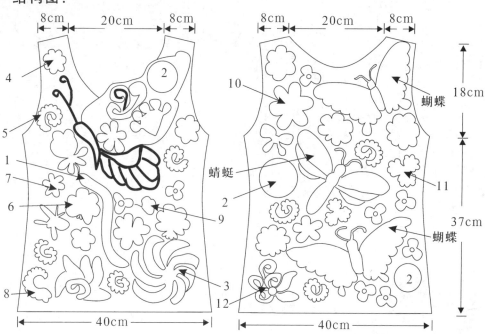

结构图中黑粗线的做法：

1的图解：
25组花样的长度

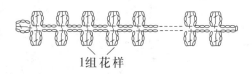

1组花样

2的图解：

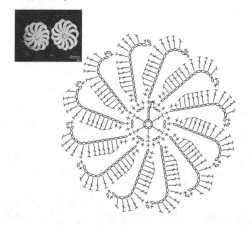

4的图解：

补花的图解：

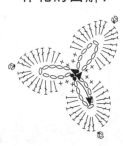

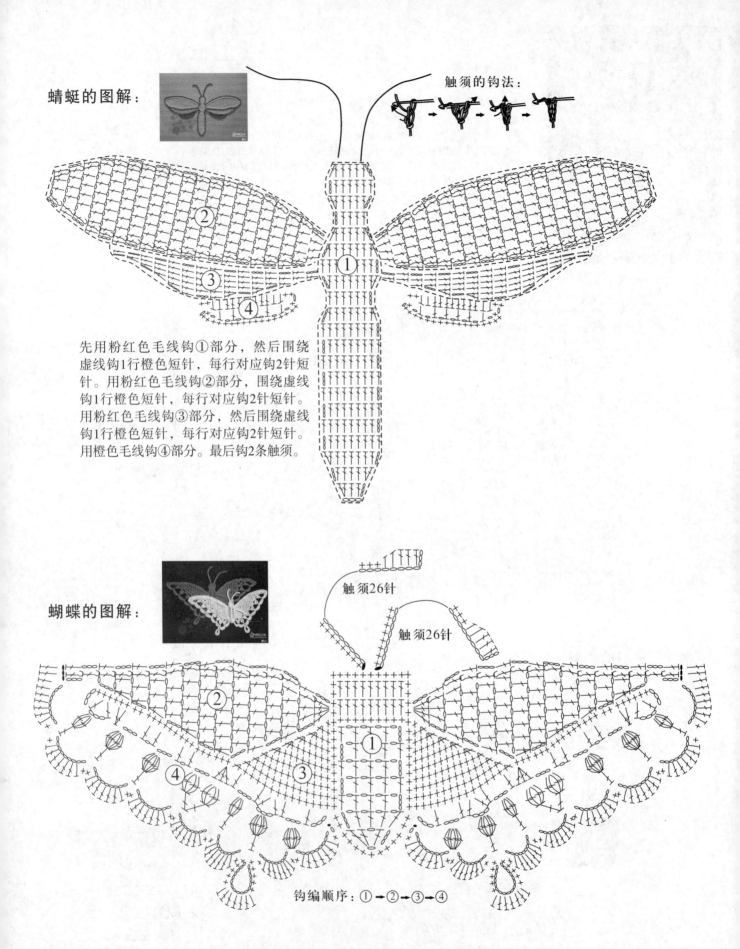

蜻蜓的图解：

触须的钩法：

先用粉红色毛线钩①部分，然后围绕虚线钩1行橙色短针，每行对应钩2针短针。用粉红色毛线钩②部分，围绕虚线钩1行橙色短针，每行对应钩2针短针。用粉红色毛线钩③部分，然后围绕虚线钩1行橙色短针，每行对应钩2针短针。用橙色毛线钩④部分。最后钩2条触须。

蝴蝶的图解：

触须26针

触须26针

钩编顺序：①→②→③→④

领口、袖口和下摆的花边图解

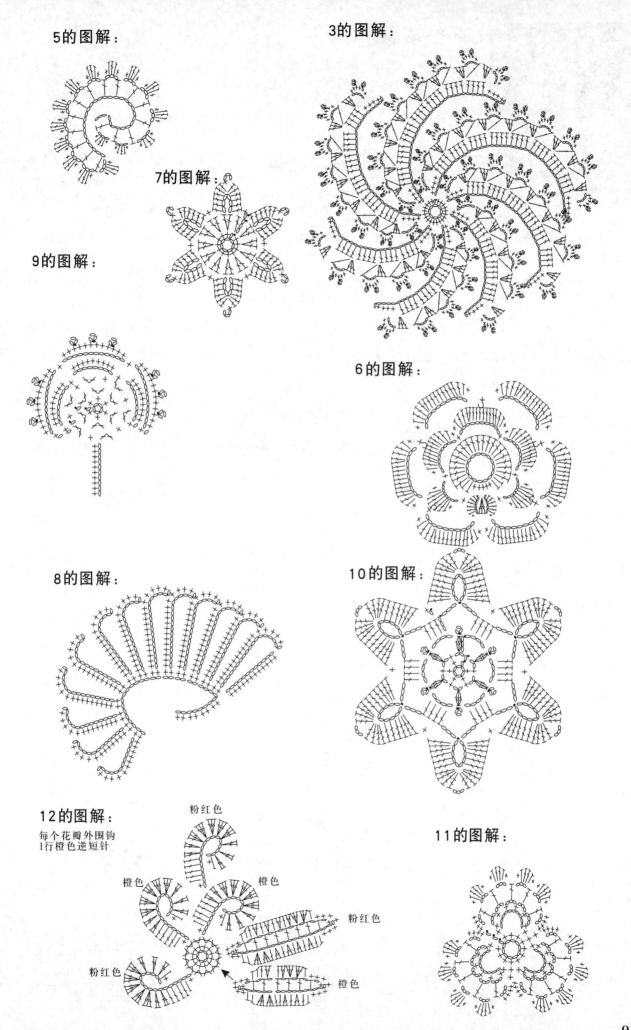

5的图解：

3的图解：

7的图解：

9的图解：

6的图解：

8的图解：

10的图解：

12的图解：
每个花瓣外围钩
1行橙色逆短针

粉红色

橙色

橙色

粉红色

橙色

粉红色

11的图解：

暗香疏影

【成品规格】衣长44cm，胸围82cm，袖长55cm

【编织密度】10㎡=35针×52行

【编织工具】15号环针，15号棒针，缝衣针

【编织材料】创新极品山羊绒线229橘红色200g，烟灰色毛线100g，粗号玉线少许，丝带、天然水晶珠子若干，搭扣1对

【编织要点】

　　1. 整件衣服分为前片、后片、袖片三部分。

　　2. 后片起160针，先织8行花样A，正反针织好了分成三份，先织中间的部分，织一个来回就把两边的针上来1针，差不多了再挑2针，直到两边的针数全部挑完后继续往上平织72行于14-1-3，5-1-1的减针方法来两边各减4针，接着平织18行，然后按照10-1-3在两边加3针到腋下，袖窝按照平收10针，1-1-1，2-1-2来减针，接着平织105行。

　　3. 前片的织法：前片起160针，橘红色毛线起110针，换灰色线接上起50针，然后底边和弧度的织法同片，注意需要在配色处来回换颜色织。前片的大片（橙色110针）和小片连接处开始分单独织，先织大片，每个来回在颜色分界那边缩一针，一共织8个来回，然后再一个来回缩2针减9次，接着平织5行后留领口，按照平收14针，2-1-4来减针，然后平织38行后平针法收边。前片的小片（灰色50针）和大片连接处开始每个来回添一针，一共8个来回，再一个来回添2针加9次，然后平织5行后留领口，领窝的减针方法同大片。大小片连接处边缘分别用本色线钩一圈短针定型。

　　4. 把前片和后片缝合。

　　5. 领的织法：从大小片边缘挑150针，片织22行花样A，织8行后2个领角开始对称缩针，一个来回1针。大约最后1行缩2针，然后平针法收边，最后用钩针钩一圈短针定型。

　　6. 袖片的织法：左右两边袖子用线颜色不同，左边袖子是全部用橘红色线织，15号棒针起143针圈织，把143针分成3分，50针，45针，48针，先织中间的45针，每个来回两边挑一针，直到两边剩10针一起织，平织16行后开始在腋下中线两边按照16-2-1，10-2-1，9-2-2，7-2-1，6-2-1，7-2-1，8-2-1，7-2-2，6-2-1，7-2-2，8-2-3，7-2-3，8-2-1，7-2-1，8-2-1，7-2-1，10-2-1，6-2-1，7-2-1，8-2-1，6-2-1来减针，剩31针平织12行后织8行花样A，最后平针法收边。右边袖子用橘红色毛线起72针，灰色毛线起71针，中间的灰色21针和橘红色24针一起先织，每个来回在两边挑1针，直到两边的针数还剩10针后腋下部分一起织，腋下减针和左边袖子相同，注意需要在配色处安装6行换一次线来织，一共换44次，直到灰色线剩余2针，下一行把这2针并为1针，再平织4行后换橘红色线织，一直织到袖口。

　　7. 用玉线做2对蝴蝶盘扣，用缝衣针缝在前片斜襟开口处，斜襟反面蝴蝶盘扣中间的地方缝上搭扣，用丝带在前片适当位置绣上小花和枝叶，花心缝上水晶珠子。

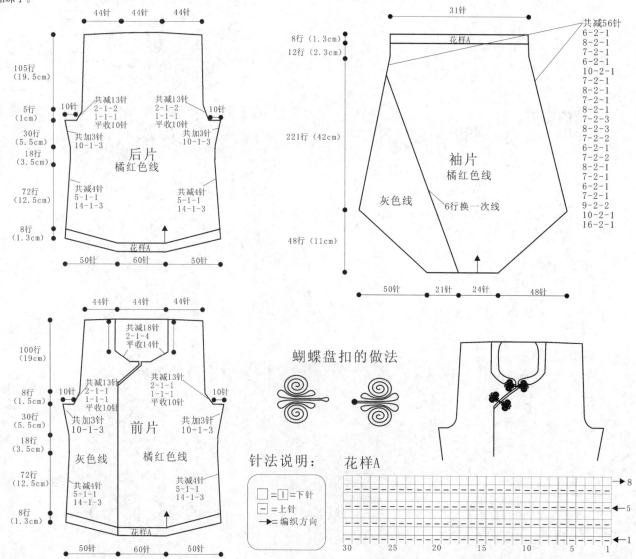

后片
橘红色线

44针　44针　44针

105行（19.5cm）
5行（1cm）
30行（5.5cm）
18行（3.5cm）
72行（12.5cm）
8行（1.3cm）

10针　共减13针 2-1-2 1-1-1 平收10针　共减13针 2-1-2 1-1-1 平收10针 10针
共加3针 10-1-3　共加3针 10-1-3
共减4针 5-1-1 14-1-3　共减4针 5-1-1 14-1-3

50针　60针　50针
花样A

袖片
橘红色线

31针
共减56针
6-2-1
8-2-1
7-2-1
6-2-1
10-2-1
7-2-1
8-2-1
8-2-1
7-2-3
8-2-3
7-2-2
6-2-1
7-2-2
8-2-1
7-2-1
6-2-1
7-2-1
9-2-2
10-2-1
16-2-1

花样A

8行（1.3cm）
12行（2.3cm）
221行（42cm）

灰色线　6行换一次线

48行（11cm）

50针　21针　24针　48针

前片

44针　44针　44针

100行（19cm）
8行（1.5cm）
30行（5.5cm）
18行（3.5cm）
72行（12.5cm）
8行（1.3cm）

共减18针 2-1-4 平收14针
10针　共减13针 2-1-1 1-1-1 平收10针　共减13针 2-1-1 1-1-1 平收10针 10针
共加3针 10-1-3　共加3针 10-1-3
灰色线　橘红色线
共减4针 5-1-1 14-1-3　共减4针 5-1-1 14-1-3

50针　60针　50针
花样A

蝴蝶盘扣的做法

针法说明：

□ = |= 下针
 = 上针
➡ = 编织方向

花样A

30　25　20　15　10　5　1
➡8
➡5

气息·系列外套

【成品规格】衣长74cm，胸围92cm，袖长50cm

【编织密度】10cm²=18针×40行

【编织工具】10号棒针，10号环形针，2.0mm钩针，缝衣针

【编织材料】创新牌马海毛线深银灰色400g，暗扣2对

【编织要点】

1. 整件衣服由左前片、右前片、2片腋下片、后片、2片袖片、2片扭花、领与门襟以及下摆边、后片下部扭花、4片衣袋片以及4片口袋盖片组成，先织好2个腋下片，接着织前片，前片边织边与前片织合，然后编织后片，后片先织左右2个小片在中间加出扭花的针数后一起往上织，同样边织边在腋下片边上挑一针织合，再织2片袖片与衣身缝合，然后按图示另行沿衣边钩短针进行钩绕边连里的镂空扭花镶嵌在衣边、袖中部、后背下部钩花样B，最后织口袋片与口袋盖片缝在前片合适的位置完成。

2. 腋下片的织法：腋下片为2片织法相同。卷针法起40针织花样A，织110行后开始收腰，先按照5-1-3，平2行，5-1-2的方法在两边各减5针，接着继续织花样A24行后，按照5-1-2，平2行，5-1-3的方法在两边各加5针，接着不加减织9行花样A，开始腋下减针，中间平收12针后两边按照1-1-1，2-1-13直至结束。

3. 前片的织法：以左前片为例，卷针法起30针，织110行花样A后收腰，收腰方法和腋下片相同，收腰结束后往上织45行开始按照平收16针，2-1-3的方法前领窝收针，领窝收针的同时在另一边按照3-1-5的方法加出5针，12行后开始按照2-4-4斜肩减针，直至结束。

4. 后片的织法：后片先织左右2个小片，卷针法各起27针，织108行花样A，接着中间加出10针扭花的针数后与2小片一起往上织，织1行后开始收腰，方法同腋下片，腋上两边各加5针，方法同前片，6行后领窝平收42针，肩部各留16针收斜肩，最后在下摆中部编织扭花，22个辫子，1短针再22个辫子1短针，如此循环，短针与后片连接，每2组花样A扭一次8字形。

5. 把前后片的肩部缝合。

6. 袖片的织法：袖片从袖山开始往袖口织花样A，分别起5针织2片袖山，按照1-1-28在一边加28针，接着在中间分别加出8针后2片一起编织，接着织10行花样A后按照1-2-1，8-2-5，9-2-1的方法腋下减14针，减针时以中间3针为基线在两边通过左右并1针的方法各减1针，然后继续往上织64行花样A后平收。

7. 袖片上扭花编织方法：把编织完成的部分袖片腋下对齐后沿袖窿缝合，再编织扭花。

8. 领、门襟、下摆钩织花样B，后背下部钩4行扭花。

9. 衣袋片和衣袋盖片的织法：上衣袋卷针法起15针平织23行，上衣袋盖片起15针平织15行，下衣袋片起20针平织3行，下衣袋盖片起20针，织17行，全部织好缝在前片合适的位置。

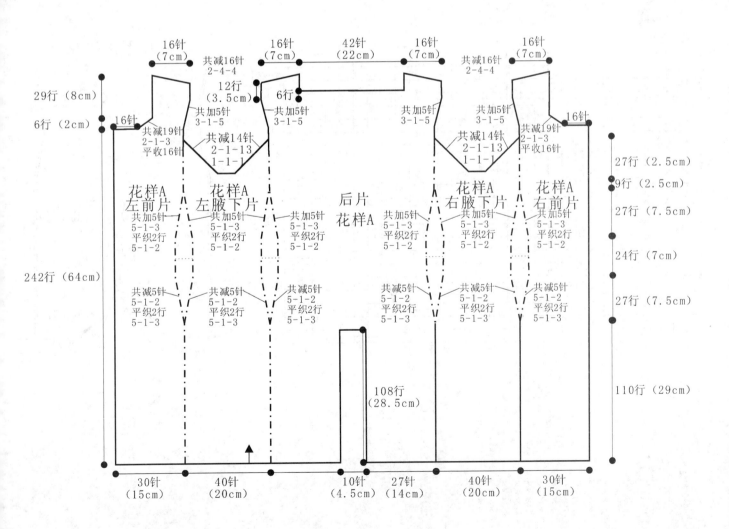

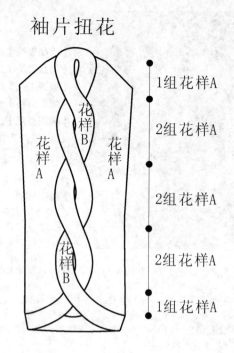

袖片扭花

1组花样A

2组花样A

花样A　　　花样B　　　花样A

2组花样A

2组花样A

1组花样A

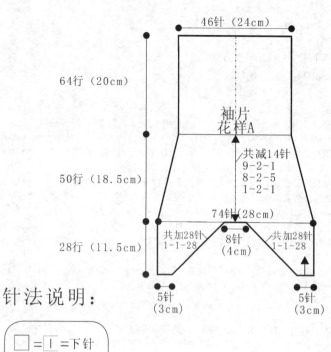

46针（24cm）

64行（20cm）

袖片
花样A

共减14针
9-2-1
8-2-5
1-2-1

50行（18.5cm）

74针（28cm）

28行（11.5cm）

共加28针
1-1-28

8针
（4cm）

共加28针
1-1-28

5针
（3cm）

5针
（3cm）

针法说明：

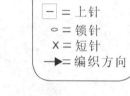

□ = Ｉ = 下针
－ = 上针
○ = 锁针
× = 短针
→ = 编织方向

花样A

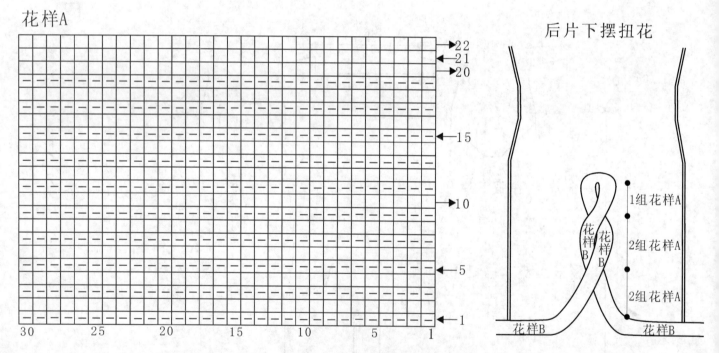

后片下摆扭花

1组花样A

2组花样A

2组花样A

花样B　　　花样B

花样B

气息·系列外套

【成品规格】衣长51cm，胸围80cm，袖长44cm

【编织密度】10cm²=29针×60行

【编织工具】10号棒针，10号环形针，2.0mm钩针，缝衣针

【编织材料】创新牌马海毛线宝蓝色400g，领扣1对

【编织要点】

1. 整件衣服由2片前片、后片、2片袖片、4片口袋片和4片口袋盖片组成。

2. 前片的编织方法：以左前片为例，用10号棒针卷针法起6针织花样A，接着按照2-3-8，2-5-6加至60针后往上平织52行，然后收腰，先按照2-1-6减6针，平织46行后按照2-1-6加6针，收腰结束，平织22行后开始袖窝减针，按照平收5针，2-1-5减10针，接着平织75行后开始织斜肩部分，按照2-4-5，1-3-1收至结束，腋上第38行开始收前领窝，按照平收18针，2-1-9的减针方法减27针。

3. 后片的编织方法：后片的编织方法同前片，起120针织花样A，后领窝平收54针，然肩部各23收斜肩。

4. 口袋片和口袋盖片的织法：口袋片分为2片上衣袋和2片下衣袋，上衣袋起22针平织40行后织4行花样B，下衣袋起24针平织48行后织4行花样B。上衣袋盖起22针，平织16行后钩织4行花样B，下衣袋起24针平织16行，口袋片上边稍向内折叠1cm左右钩织4行花样B，口袋盖片不用折叠直接钩织花样B，口袋片和口袋盖片在前片合适的位置缝合。

5. 袖片的织法：袖片从肩部往下织，袖山起40针，接着按照2-1-19，2-1-6在两边各加25针，平织2行后两边各加出6针，然后按照8-1-17的减针方法在两边腋下各减17针，最后平织32行后平针法收边。

6. 用缝衣针把左前片、右前片、2片袖片缝合，沿领、门襟和底边钩织4行花样B，门襟内里中间缝上1对领扣。

7. 袖口钩织4行花样B。

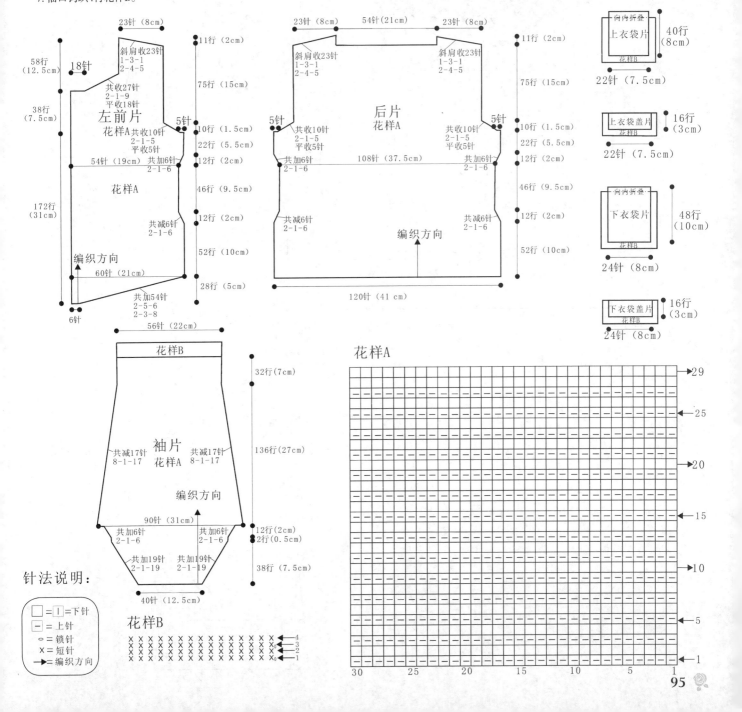

针法说明：

□ = |I| = 下针
− = 上针
○ = 锁针
× = 短针
→ = 编织方向

米葱·钩织结合长袖裙

【成品规格】衣长77cm，胸围90cm，袖片44cm，下摆112cm
【编织密度】下针编织：10cm²=35.5针×42行
【编织工具】2.5mm棒针，1.5mm钩针
【编织材料】创新极品羊绒线202号米色300g
【编织要点】
  1. 依照结构图从领口起192针，编织25行花样编织A。
  2. 在育克相应位置处挑针圈状编织前后身片及袖片。
  3. 在下摆处钩织相应花样编织B。
  4. 在领口处挑针编织72行下针。
  5. 在领口下针上端挑针钩织20个缘编织。

育克片

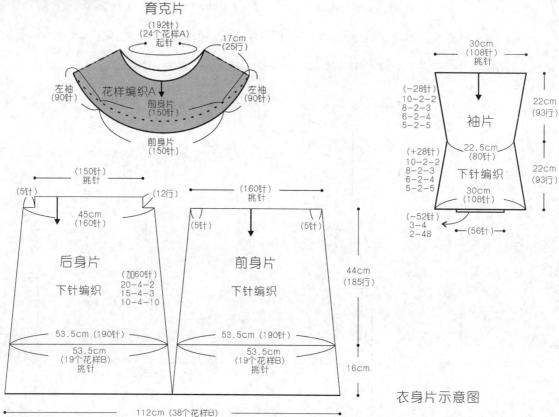

衣身片示意图

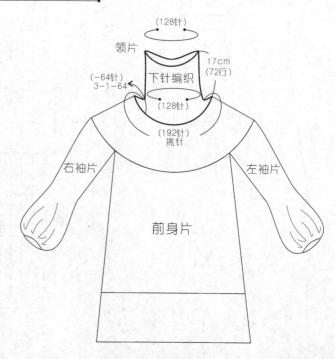

花样编织A

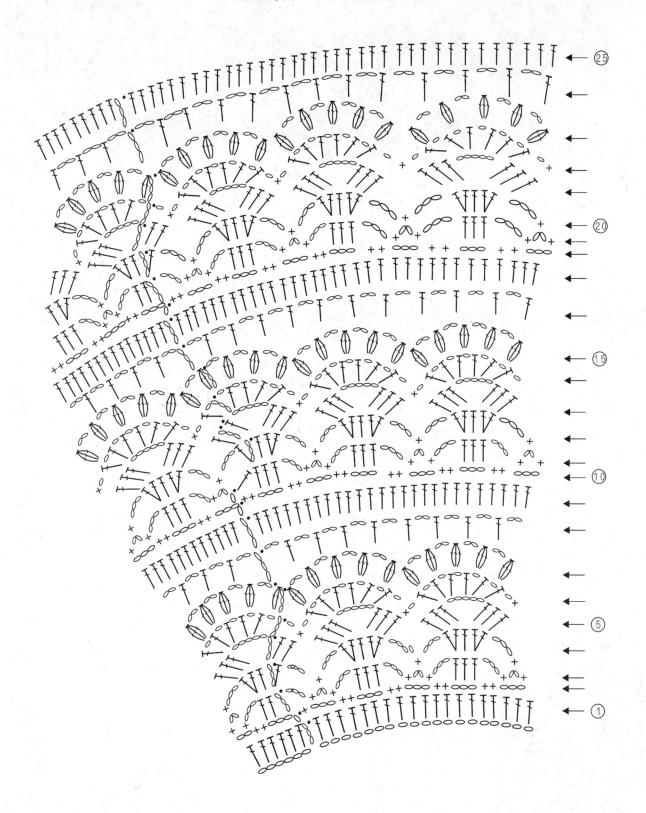

領口緣編织

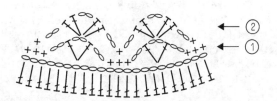

烟花·民族风提花开衫

【成品规格】衣长53cm，胸围51cm，袖长37cm

【编织密度】$10cm^2$=28针×38行

【编织工具】10号棒针，2.0mm钩针，缝衣针

【编织材料】蓝色毛线300g，浅灰色毛线120g，方形木珠10颗

【编织要点】

1. 分左前片、右前片、后片、门襟与领片、袖片、侧缝、抽绳7部分组成。

2. 左前片织法：浅灰色毛线起50针，织25行花样1，第26行开始织10行花样2，接着织20行花样3，然后12行花样4，再接着用蓝色线织10行平针，右侧边加5针，接着右侧腋下按照10-1-3加3针。接下来是右侧袖窝按照平收3针，2-3-1，2-2-2，2-1-5，4-1-1减16针，然后平48针，同时门襟按照这样织：织好第4个花样后，平织18行，然后按照2-1-5，4-2-3，4-1-9，6-1-1，8-1-1来减22针，然后平23针，最后平针法锁边肩部留20针。

3. 右前片织法同左前片的方法相同，注意袖窝、门襟的减针和右前片方向相反，花样3从右边向左移17针，从第18行开始织花样3，花样4左移12针，从第13针开始织花样4。

4. 左右前片和后片侧缝的织法：以右前片的侧缝为例，从底部开始挑针，一直挑到前后片加6针的地方，均匀挑53针，织8行花样5后平针法锁边。侧缝织好后，用缝衣针把右边缘与右前片加针的地方缝合。

5. 后片的织法：浅灰色毛线起148针，把花样1向左移10针，开始织25行花样1，花样2左移6针织10行花样2，接着20行花样3，花样4左移1针织12行花样4，平织10行后两边各加5针，下一行减24针，平织1行后再减6针，接着按照8-1-1，10-1-2两边各加3针，接下来是两侧袖窝，按照平收3针，2-3-1，2-2-2，2-1-5，4-1-1两边各减16针，后领平收50针，后袖窝按照2-3-1，2-2-1，2-1-1两边减6针，最后肩部留20针。

6. 袖片织法：蓝色线起130针，织21行花样6后对折并织，接着织10行花样2，20行花样3，然后把花样4左移4针，从第5行开始织12行花样4，平织42行，开始在两边按照平收3针，2-3-1，2-2-1，2-1-15，2-2-1，2-3-2的收针法在左右各收31针，然后平针法锁边，袖山部分折叠起来形成褶皱。

7.用缝衣针把右前片、后片和袖片缝合，注意袖子留下的62针对折起来后缝在衣身袖洞上端的中间，形成褶皱，然后把袖子缝合完成。

8.门襟与领片的织法：沿缝合好的领边与门襟挑375针，织花样7。织好后沿一行上针折叠形成双层衣领与门襟，反面用缝衣针缝合。

9.抽绳的织法：用2.0mm钩针钩2根55cm左右的蓝色带子，用来系在门襟处，钩2根40cm左右的浅灰色抽绳系在袖子中部的褶皱上，和2根80cm长的抽绳系在侧缝上，抽绳的末端分别穿上木珠子后末端打死结固定。

10.衣摆侧缝钩1圈逆短针收边。

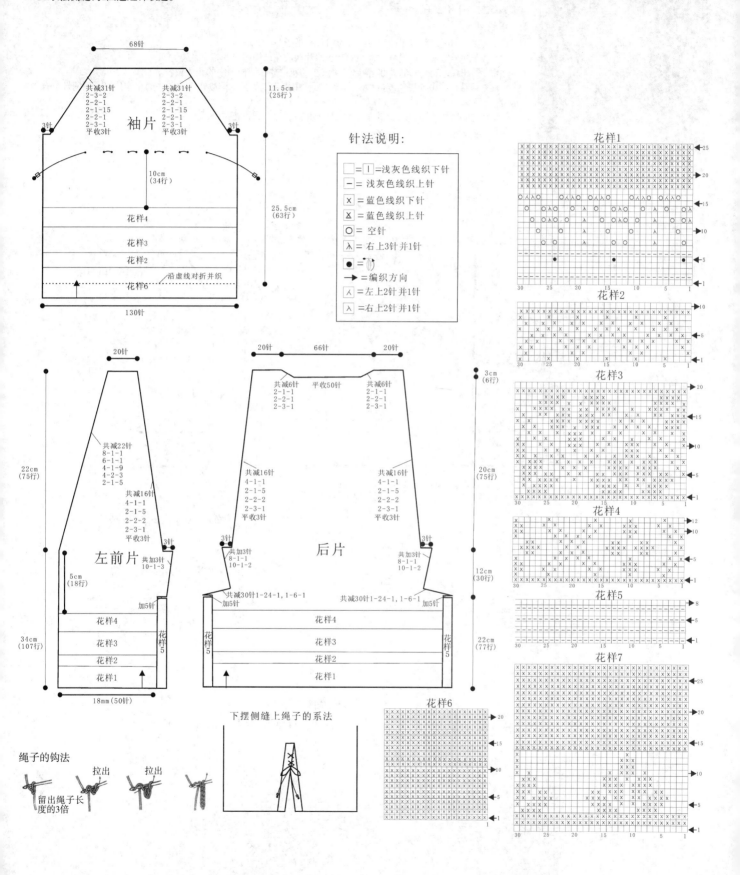

爱尔兰拼花上衣——刺玫瑰

【成品规格】衣长52cm，胸围90cm
【编织工具】3.5mm可乐钩针
【编织材料】橙色毛线500g
【编织要点】

1. 参照结构图，裁剪出前片2片、后片1片和袖子2片的纸样。
2. 参照叶子图解，钩出各种大小的叶子34片摆放在结构图中的相应位置。
3. 参照花1.2.3.4.5.6的图解钩出各个大小的花摆放在结构图中的相应位置。
4. 参照结构图中的黑粗线的做法，钩出纸样中黑粗线的长度摆放在结构图中的相应位置。用网针拼合各个部分。
5. 参照前后片图解和袖子图解，钩完袖子和前后片，和拼花拼合。

结构图：

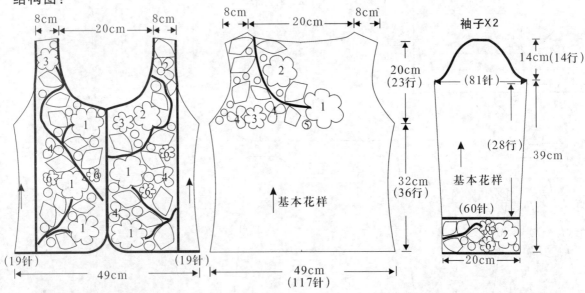

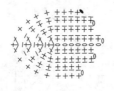

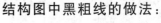

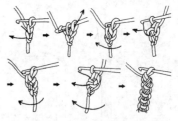

叶子的图解：34片

叶子可以通过增减行数来改变叶子的大小

结构图中黑粗线的做法：

1的图解：
第2行钩多1行短针包芯，最外围钩1行逆短针

2的图解：
第2行钩多1行短针包芯，最外围钩1行逆短针

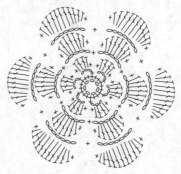

基本花样图解:

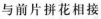

与前片拼花相接

侧缝线

后中线

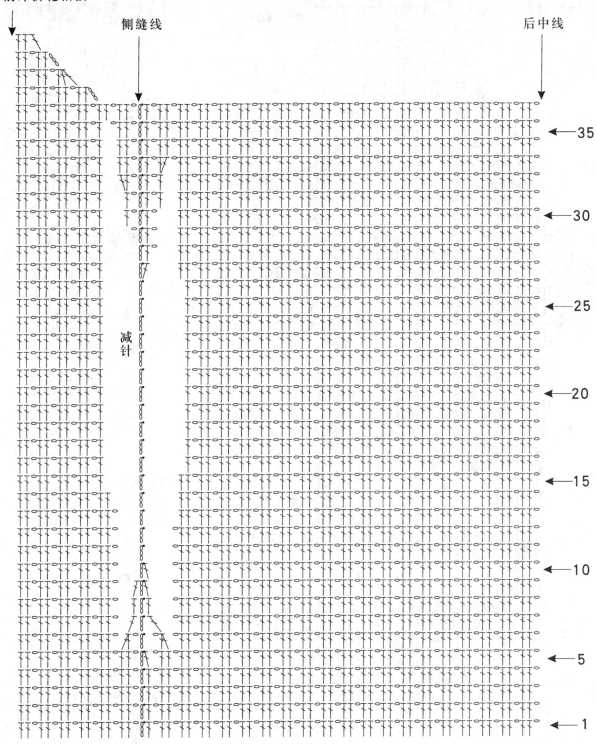

减针

←—35

←—30

←—25

←—20

←—15

←—10

←—5

←—1

袖子的图解：

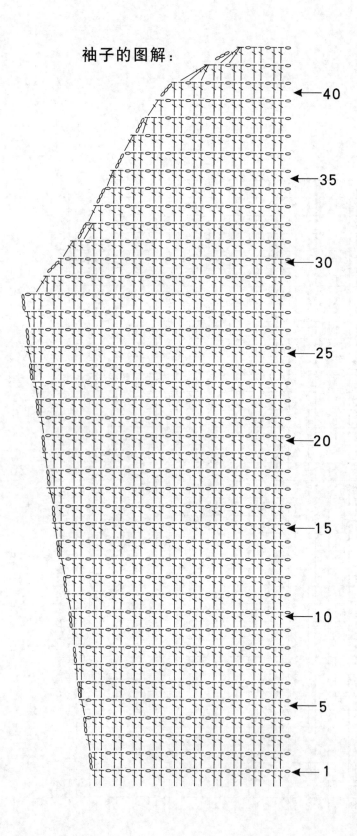

← 40
← 35
← 30
← 25
← 20
← 15
← 10
← 5
← 1

3的图解：

第2行钩多1行短针包芯，
最外围钩1行逆短针

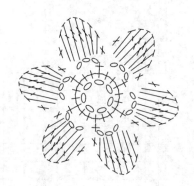

4的图解：

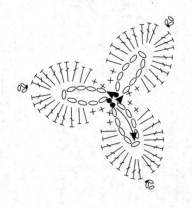

5的图解：

第2行钩多1行短针包芯，针
数的多少决定圆圈的大小

6的图解：

红果

【成品规格】 衣长60cm，胸围80cm，袖长58cm

【编织密度】 10cm²=24针×35行

【编织工具】 10号棒针

【编织材料】 创新山羊绒铁锈红色400g

【编织要点】

1. 后片：用别线起100针，往上织12行两侧分别减1针，重复4次共减8针；腰部织12行扭针单罗纹，起到收腰的效果；继续织10行平针两侧各加1针共加8针，开始挖袖弯，织后背。

2. 前片：用中心起针法起8针，织左上、右下的花样，两边织平针；织够腰围尺寸分两段织，用引返编织的方法分别织出前胸、领、肩以及下摆。

3. 袖：用钩针直接在棒针上起8针，织两组叶子花后，随着花型的变化织够袖口的尺寸72针；往上织8行两侧各减1针减8次；平织14行后两侧各加针（间隔8行）共5次；平织10行收袖山，先平收5针，再分别按图示减针，剩余针数平收。

4. 整理：缝合各片，衣片底边折上去用钩针缝合；完成。

5. 参照前后片图解和袖子图解，钩完袖子和前后片，和拼花拼合。

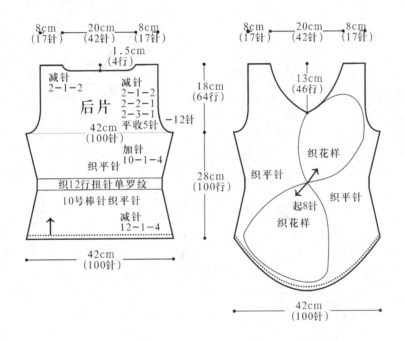

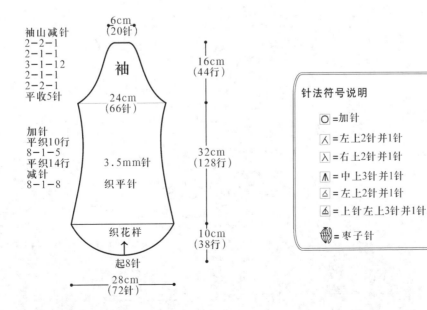

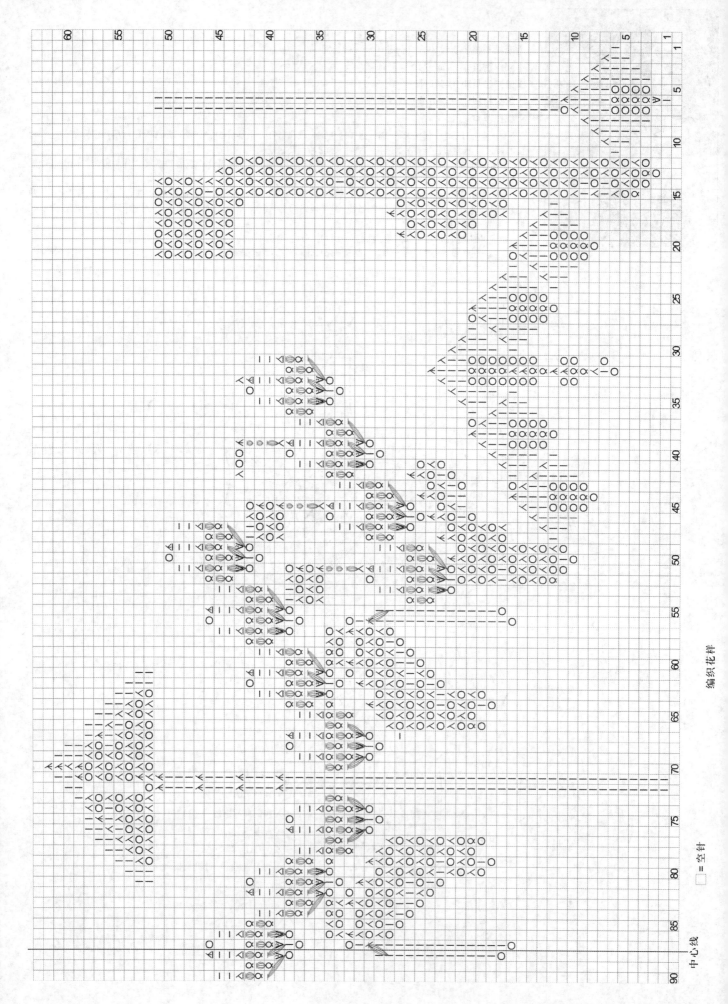

編織花様

□＝空針

中心線

丝路花雨裙

【成品规格】 衣长96cm，胸围72cm，腰围70cm

【编织工具】 花朵叶子1.35mm钩针，虾瓣双线2.0mm钩针，连接线0.75mm，定位针500枚

【编织材料】 创新春夏天丝绒丝光棉线，05淡粉夹花500g，015粉色375g，001白色375g，连接用线白色丝光棉线，粉色丝光棉线少许，用量625g左右，3种颜色都有剩余

【编织要点】

　　1. 参照图1结构图，裁剪出裙子和领子的纸样。

　　2. 参照图2、图3和图4，依照叶子的钩法，通过增减叶瓣的个数钩出大小不同的叶子，约75片。参照单元花的钩法，通过增减花瓣中长针的个数来改变花的大小，或者增减花瓣的个数和层数，增强花的不同绽放效果。将叶子和花钩编后，定位摆放在纸样上。参照虾瓣的钩法，钩10～15cm不等的长度，在虾瓣外围钩1行逆短针。

　　3. 用不规则网连，将定位好的花连接起来。领口和袖口外围钩1行短针。

　　4. 参照图5盘扣的钩法，将钩好的盘扣缝合在披肩门襟的位置。

图1：结构图

前片一片

后片一片

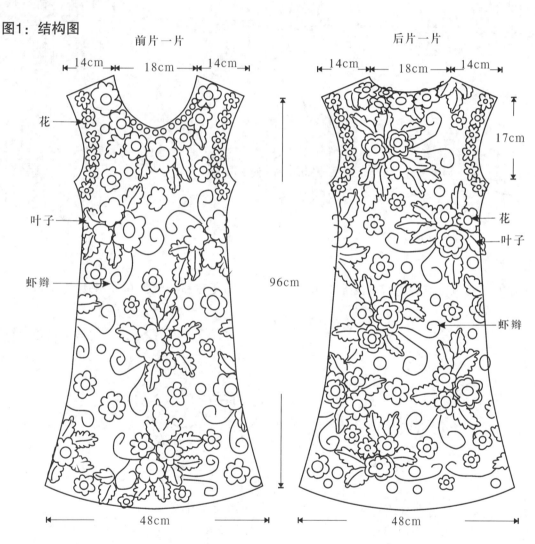

花

叶子

虾瓣

14cm　18cm　14cm

14cm　18cm　14cm

17cm

96cm

48cm

花

叶子

虾瓣

48cm

领子一片

32cm

7cm

图5：盘扣的钩法

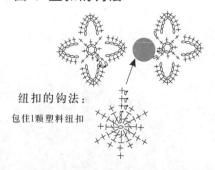

纽扣的钩法：

包住1颗塑料纽扣

图2：各个叶子的图解（叶子通过增减针来改变叶子的大小）

叶子的钩法：

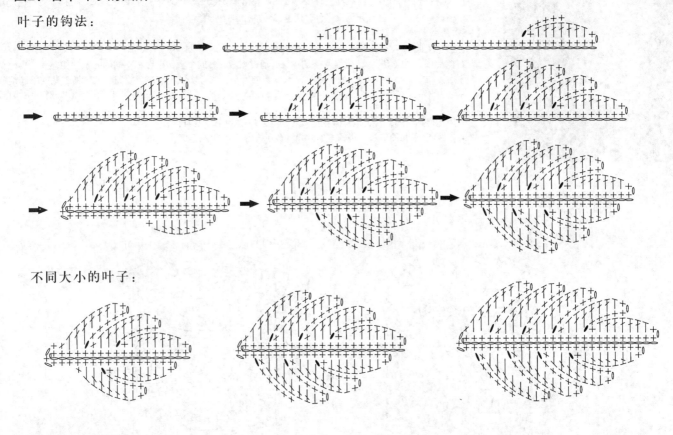

不同大小的叶子：

图3：各个花的图解

（单元花通过增减花瓣中的长针来改变花的大小，所有花的花芯和花瓣都在外围加1行逆短针）

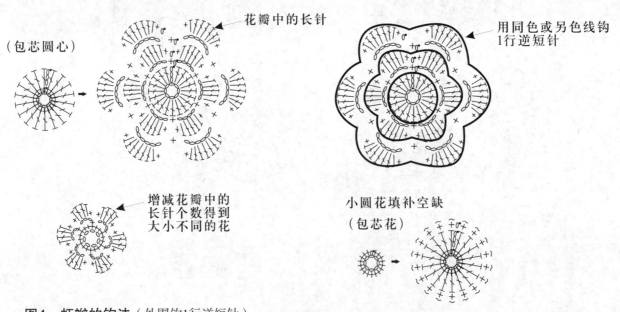

花瓣中的长针

（包芯圆心）

用同色或另色线钩
1行逆短针

增减花瓣中的
长针个数得到
大小不同的花

小圆花填补空缺
（包芯花）

图4：虾辫的钩法（外围钩1行逆短针）

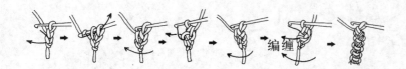

编缠

红色仙人掌

【成品规格】衣长63cm，胸围84cm，袖长58cm

【编织密度】10cm²=36针×50行

【编织工具】13号、14号棒针

【编织材料】创新纯山绒线玫红色300g，珍珠若干粒

【编织要点】

　　1. 后片：14号棒针起178针织双罗纹40行后将针数均收至164针，换13号棒针织平针，并按图示在两侧加收针织出腰线，织198行开挂肩，腋下各收15针，织46行用引退针法织斜肩，后领窝最后开始4行减针；

　　2. 前片：下摆边缘同后片；中心56针织花样，两侧各54针织平针，织法同后片；花样织222行开始织领窝，中心平收26针，两侧依次减针至完成；

　　3. 袖：14号棒针起80针织双罗纹40行后，换13号棒针织平针，两侧按图示各减17针，袖山腋下平收7针，再依次减针，最后34针平收；

　　4. 领：用13号棒针沿领口挑148针织出双层领边；然后织双罗纹114行；最后沿边缘钩花样，并串上珍珠；完成。

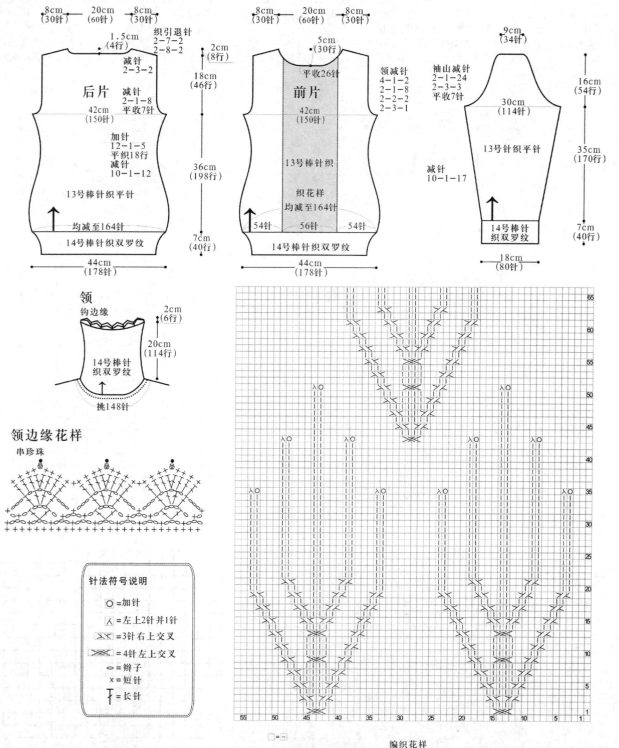

编织花样

醉春风

【成品规格】衣长54cm，胸围80cm，肩宽37cm，袖长55cm

【编织密度】$10cm^2$=30针×43行

【编织工具】11号环针，11号棒针，1.0mm钩针，缝衣针

【编织材料】创新极品羊绒线浅灰色175g，配线48支美丽诺毛线少许

【编织要点】

　　1. 衣服由身片与2片袖片组成，其中身片腋下为圈织的，腋上部分片编织，衣服整体是浅灰色羊绒线和美丽诺合股一起织的。

　　2. 前后片腋下部分的织法：用11号环针起252针，织4行花样A，接着织15行花样B，一组花样18针，共14组，然后织10行花样C，一组花样9针，28组，然后再织花样D，最后一行所有空针不织，相当于收了28针，平织39行后开始在两侧1针放3针，隔11行，再1针放3针，共加4次，再7-2-1，平织5行后两侧腋下收针，两边各平收8针，把此时的针数一分为二，前片和后片分开片织。

　　3. 腋上前片的织法：前片分腋后开始收V领，把中间的4针，左边2针与右边2针交叉，左边2针在上，V领的最开始一针都织滑针，直接挑不织，收针按照每2行4针收1针的方法收针，共收19次。前片袖窝按照2-1（4针减1针）-8的减针方法收袖窝，平织66行后肩部剩30针平针法收边。

4. 腋上后片的织法：后片袖窿的减针同前片，注意袖窿减针后平织64行后后领平收38针，肩部剩余30针平收。

5. 把前片和后片肩部缝合，沿领口用钩针钩一圈缘编织E。

6. 袖片的织法：袖子起72针圈织，正好是4个花样B的针数，织花样A，花样B，花样C，花样B，花样C，花样B，接着平织9行，开始按照1-1-1，12-1-3，10-1-5，3-1-1，2-1-1，3-1-1的方法在腋下加12针，腋上部分开始按照每2行5针收2针的方法在两边减针，共减21次，最后袖山剩38针，平织4行后平针法收边。

7. 用缝衣针把2个袖片与衣身缝合，衣服编织完成。

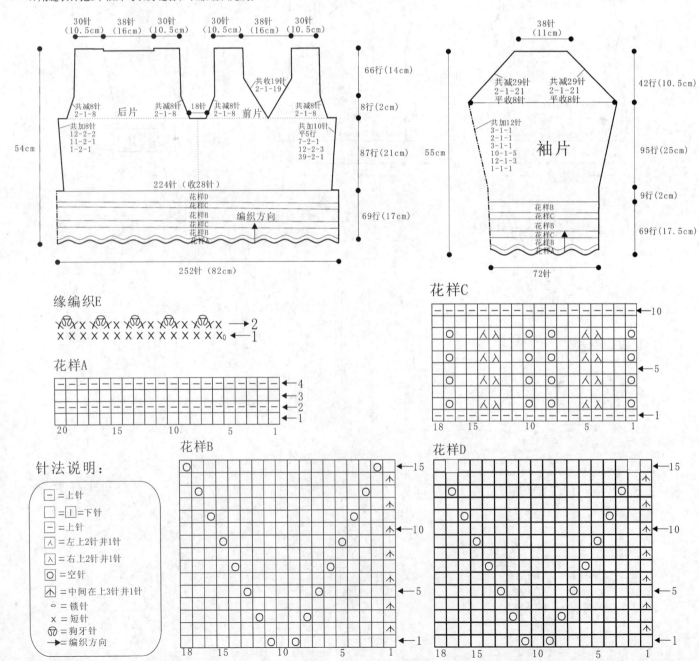

缘编织E

花样A

花样B

花样C

花样D

针法说明：

－ = 上针
□ = 1 = 下针
－ = 上针
人 = 左上2针并1针
入 = 右上2针并1针
○ = 空针
木 = 中间在上3针并1针
○ = 锁针
× = 短针
⌒ = 狗牙针
↑ = 编织方向

出水莲·钩针拼花外衣

【成品规格】衣长66cm，胸围98cm，袖长59cm

【编织工具】2.0mm可乐钩针

【编织材料】创新230中粗羊毛线40号1000g

【编织要点】

　　1. 参照图1，裁剪所需外套前片两片，后片一片，袖子两片的纸样，注意省位的裁剪。

　　2. 参照图2，掌握四个符号的钩法，外套所需的单元花的出水莲的效果都离不开这四个符号。

　　3. 参照图3莲花、水纹荷叶以及花叶的钩法，可增减各行针数和起针数来改变各花的大小。采用边钩边连的方式，在这些花片的上下左右钩出不同形状的花和叶子，直到把那些花片全部连接成一个完整的衣片。在钩右前片时，记得留出扣眼，用本线按扣眼大小绕两圈，在扣眼后面，然后钩一圈短针，把两圈线一并钩在短针里。

　　4. 整件衣服钩合完后，在领、襟、下摆、袖口处钩上两行逆短针作为装饰，为衣服不会变形太大，还可在领口边和后肩的上部钩上几行引拔针。

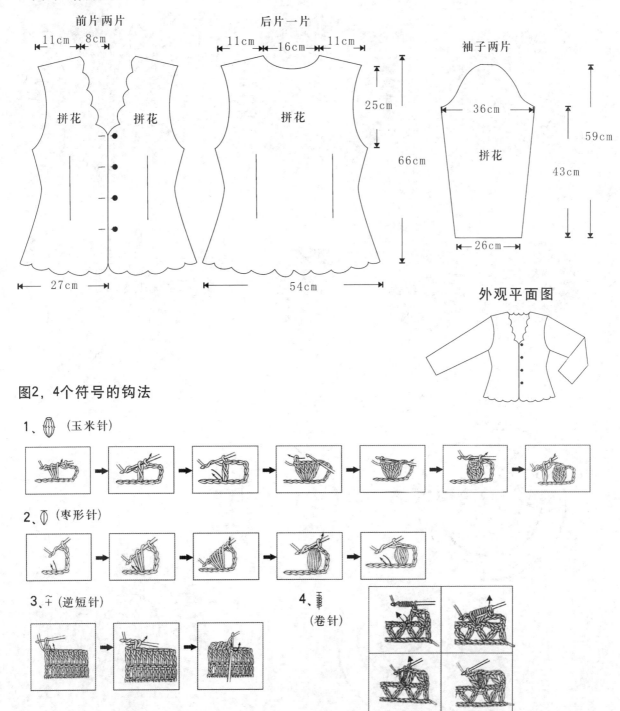

图1，结构图：

前片两片　　　　　　后片一片　　　　　　袖子两片

图2，4个符号的钩法

1、（玉米针）

2、（枣形针）

3、（逆短针）

4、（卷针）

图3，莲花、水纹、荷叶以及花叶的钩法　可通过增减针数来改变花的大小

花芯为短针包芯

花芯包芯

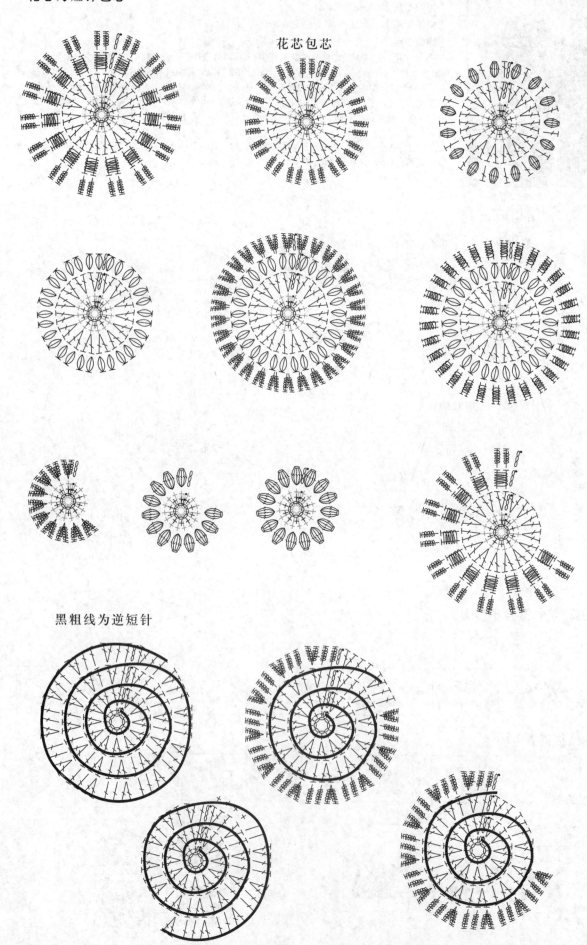

黑粗线为逆短针

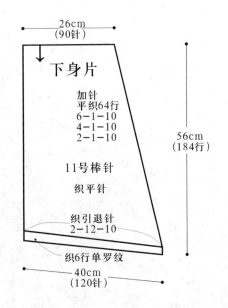

天香染衣·不规则下摆春秋裙衫

【成品规格】衣长86cm，胸围108cm，袖长55cm

【编织密度】10cm²=28针×55行

【编织工具】11号、12号棒针

【编织材料】创新极品山羊绒线色号201，375g，珠饰绣花若干

【编织要点】

1. 衣服分8片织成：上身片2片，下身片4片，2片袖子；衣身左右对应织；

2. 衣身下摆大片边织4针一个往返成斜度，小片下摆边织12针一个往返成斜度；

3. 织好8片后钩针缝合，前身小片压大片，后身大片压小片；最后装袖子；

4. 领口稍大，圈挑265针，织4行上针，2行下针（三组），第2排下针开始平均减针，10针减掉1针；第三排下针平均6针减掉1针，平收；

5. 准备好的四片机绣牡丹花，按照原花朵的颜色，按排列边绣到衣服上，中间用金丝线和珠子绣花蕊。

6. 在领口和袖子上进行珠绣，袖口缝制上钩好的花朵；完成。

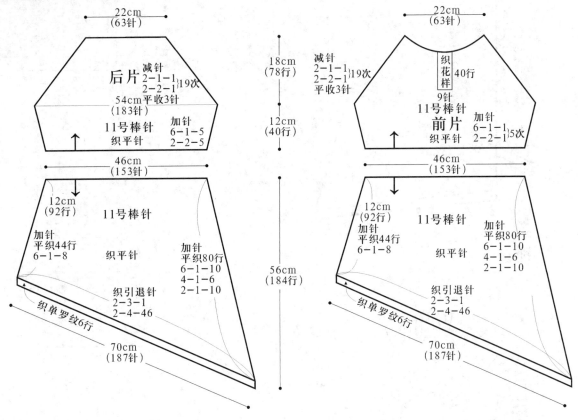

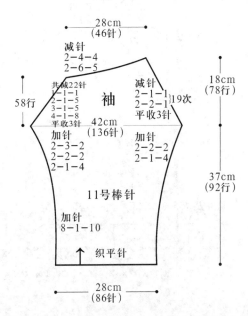

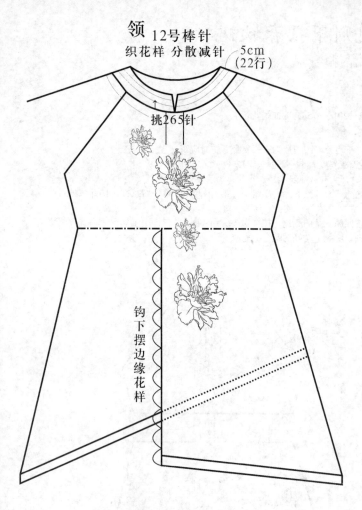

领 12号棒针
织花样 分散减针 5cm
(22行)

↑挑265针

钩下摆边缘花样

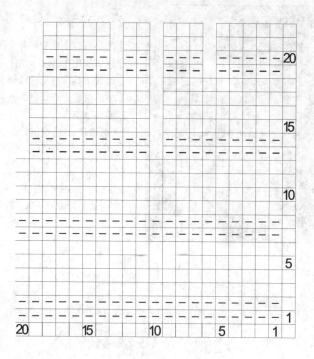

□=□

领花样

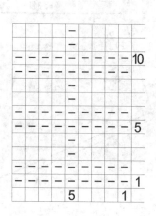

□=□

花样

袖口小花

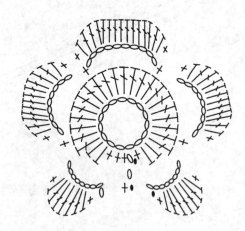

下摆边缘花样

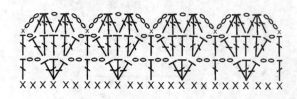

针法符号说明

◠ = 辫子
× = 短针
╤ = 长针

菠萝公主·玫瑰紫色钩针裙

【成品规格】衣长82cm，胸围85cm，下摆宽85cm

【编织工具】3.0mm可乐钩针，12号棒针

【编织材料】紫色毛线500g

【编织要点】

1. 参照腰部的图解，用12号棒针横向编织1条宽度为7cm，长度为76cm的腰带。

2. 参照上半身图解，在腰带的基础上向上钩1行186针的短针，第2行起钩花样，3针为1组花样，后片为31组花样，左右前片为15.5组花样。腋下减针参照图解。前后领口钩法参照图解。

3. 参照菠萝花型的图解，在腰带的基础上向下排10组菠萝花型。1行花型完成后加到14个菠萝花型然后再钩3行花型加到17个菠萝花型。

4. 参照前襟图解，钩7行短针，领口2行短针。

5. 在左右肩头缝上黑色双层网纱，黑纱上面随意缝些珠子。

结构图：

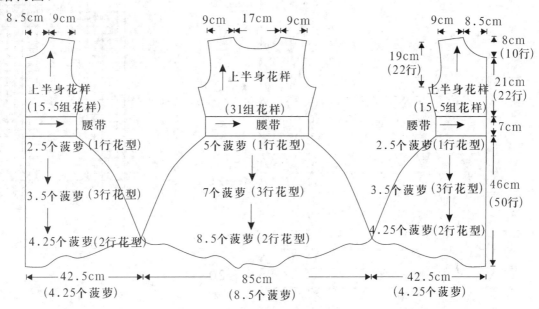

菠萝花型图解：

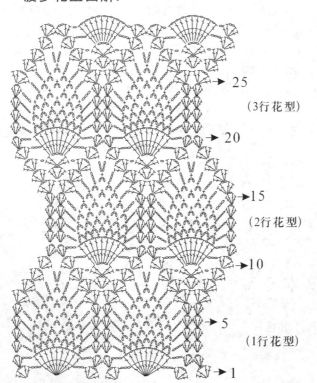

腰带图解：

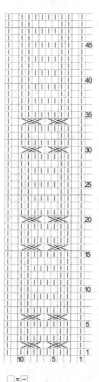

□ = □

上半身花样图解：

门襟花边的图解：
每25针空1个扣眼

后领口
袖弯位置和侧缝加针与前片同

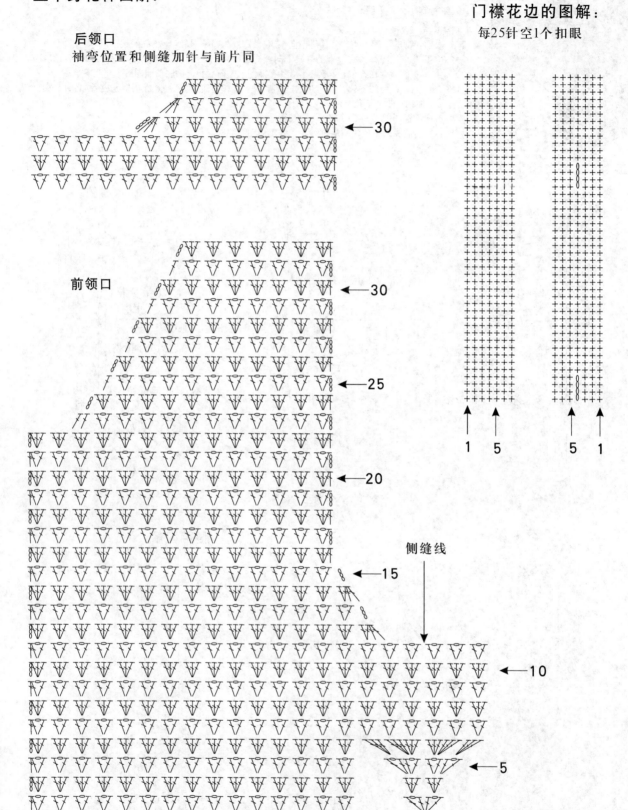

前领口

← 30

← 30

← 25

← 20

侧缝线

← 15

← 10

← 5

← 1

3针1组花样

加针位置

1 5   5 1

粉墨撞色·手工DIY钉珠羊绒衫

【成品规格】衣长59cm，胸围82cm，袖长61cm

【编织密度】10cm²=41针×54行

【编织工具】14号、16号棒针

【编织材料】黑色毛线140g，粉色毛线120g，珠片若干

【编织要点】

　　1. 整件衣服分为前片、后片、领片、袖片4部分。

　　2. 前片的织法：用粉色毛线14号棒针起171针，织16行花样A，平织35行，两边先按10-1-5收针，织20左右行后，再按10-1-5，12-1-2加针织到腋下，两边先平收8针后，再按4-2-4，6-2-2收针，在合适位置换黑色毛线，适当尺寸收前领，先平收37针，再按2-4-1，2-3-1，2-2-3，2-1-4，4-1-3，肩留28针，按7针往返引退4次。

　　3. 后片的织法：同前片，后领窝先平收67针，再按2-3-1，2-2-1收针。

　　4. 把前片和后片用缝衣针缝合。

　　5. 领片的织法：沿缝好的领窝均匀挑出204针，用16号棒针平织10行后处理为机器领。

　　6. 袖片的织法：袖子为2片，织法相同，用黑色毛线14号棒针起81针，织16行花样A后平织，下一行均匀加9针至90针，后两边按8-1-13，10-1-4，12-1-3，14-1-1，收袖山，平织8针后按4-2-17收针。

　　7. 把袖片和衣身缝合。

　　8. 在合适的位置订上珠片，绣上小花。

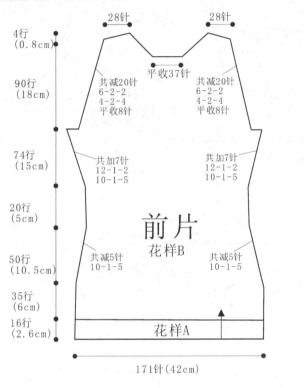

前片
花样B

4行
(0.8cm)

90行
(18cm)

74行
(15cm)

20行
(5cm)

50行
(10.5cm)

35行
(6cm)

16行
(2.6cm)

28针　28针

平收37针

共减20针
6-2-2
4-2-4
平收8针

共减20针
6-2-2
4-2-4
平收8针

共加7针
12-1-2
10-1-5

共加7针
12-1-2
10-1-5

共减5针
10-1-5

共减5针
10-1-5

花样A

171针(42cm)

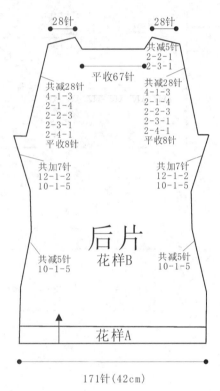

后片
花样B

28针　28针

平收67针

共减5针
2-2-1
2-3-1

共减28针
4-1-3
2-1-4
2-2-3
2-3-1
2-4-1
平收8针

共加7针
12-1-2
10-1-5

共加7针
12-1-2
10-1-5

共减5针
10-1-5

共减5针
10-1-5

花样A

171针(42cm)

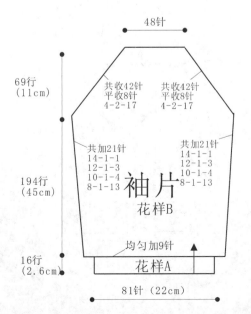

袖片
花样B

48针

69行
(11cm)

194行
(45cm)

16行
(2.6cm)

共收42针
平收8针
4-2-17

共收42针
平收8针
4-2-17

共加21针
14-1-1
12-1-3
10-1-4
8-1-13

共加21针
14-1-1
12-1-3
10-1-4
8-1-13

均匀加9针

花样A

81针（22cm）

针法说明：

□ = | = 下针

□ = - = 上针

→ = 编织方向

花样A

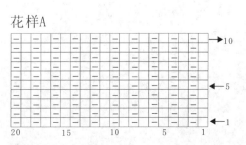

雀之灵

【成品规格】衣长60cm，胸围94cm，袖长58cm，背肩宽36cm
【编织密度】花样编织A：2.4cm×1cm（1行）=1个
【编织工具】3.0mm钩针
【编织材料】蓝色长袖毛线350g
【编织要点】
  1.依照结构图整体织前后身片，并编织花样编织B，固定在左右前身片相应位置。
  2.在衣身片下摆挑针钩织11个花样编织C。
  3.袖片是从袖口起针，依照结构图及花样编织图所示进行编织。
  4.安装袖片。
  5.在前后领口、门襟及袖口处分别挑针钩织相应缘编织。

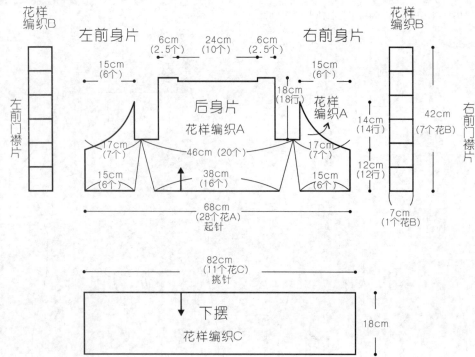

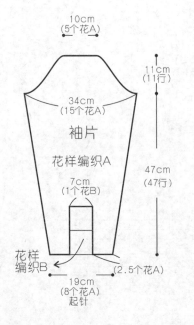

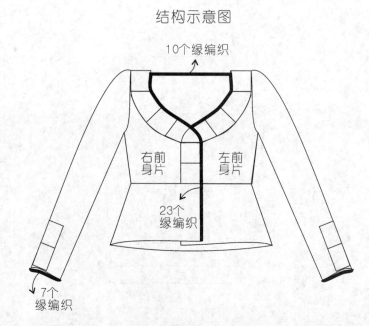

结构示意图

花样编织B

花样编织A

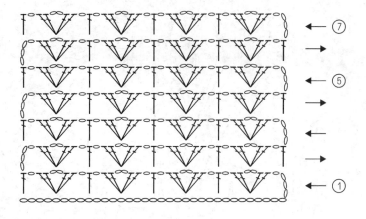

缘编织

右前身片花样示意图

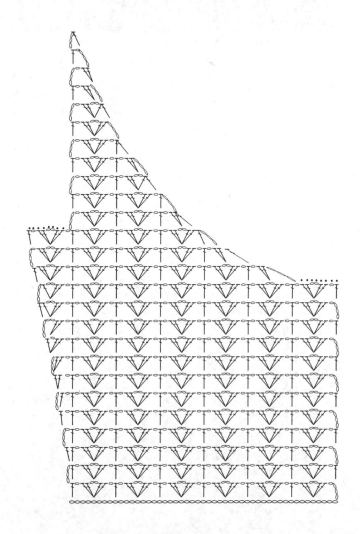

花样编织C

*上接159页

花样编织G

里下摆花样示意图

半袖片花样示意图

中心处
▼

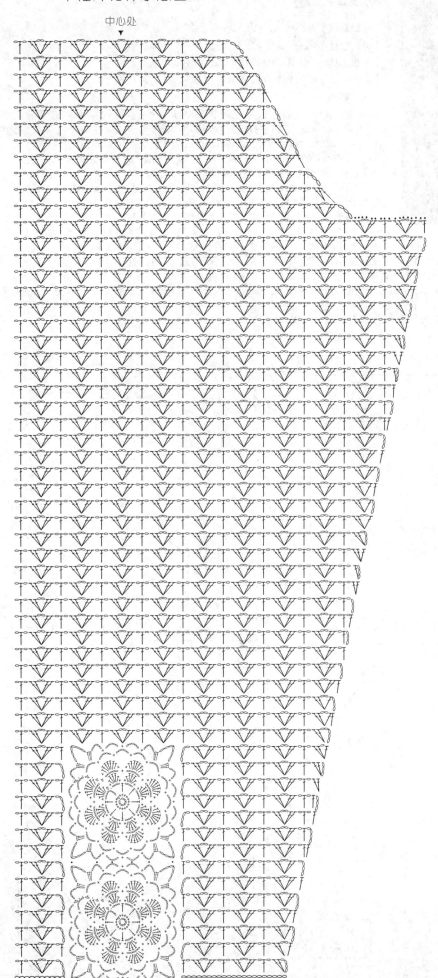

粉红之恋

【成品规格】衣长48cm，胸围82cm

【编织密度】$10cm^2$=19针×28行

【编织工具】6号和11号环形针，4.0mm钩针，缝衣针

【编织材料】粉色毛线400g，亮丝配线350g，1.8cm白色暗扣7对

【编织要点】

1. 整个衣服由左右前片、左右腋下片、后片、左右口袋片、立领8个部分组成，8片都是织花样A。

2. 后片的织法：后片平针起头108针，织12行折合，织一行上针，后平针编织106行，分腋，两边各平收3针，1-1-1减针，2-1-5减针，最后以4针收2针的方法，每隔6行收一次，收7次，余62针。

3. 左右前片的织法：以右前片为例，平针起52针，织12行折合，同时一边放12针（门襟）一边收6针，织一行上针，织30行，6针的那边5针和衣片并合织，还有一针空着，滑至底部做边用，织至分腋，腋上编织方法与后片相同。在第46行开前领窝，平收11针，2-4-1，2-3-1，2-2-1，2-1-1减针，肩部余8针和后片缝合。左前片的织法与右前片相同，注意放针和减针的方向与右前片相反。

4. 左右腋下片的织法：以右腋下片为例，平针起46针，织12行平针折合，一边收6针，注意，这里需要织56行以后5针和衣片并合织，一针还是空着，接着就每隔4行以4针收2针的方法收9次，再每隔4行6针收3针的方法收6次，余10针，平收。左腋下片的织法与右腋下片的织法同，注意放针和减针的方向与右腋下片的方向相反。

5. 口袋的织法：左右口袋的织法一样，平针起30针，织38行平收，织2个，缝合在腋下片上，注意口袋的上边沿与腋下片平织第56行的地方对齐。

6. 立领的织法：用11号环形针起38针织200行。

7. 把左右前片、左右腋下片、后片缝合在一起，立领沿中间对折形成双层领后缝在衣领处，注意左端立领的边与左前片的边对齐，立领的右端是超出右前片的。立领上缝2对暗扣，门襟上缝5对暗扣。

8. 用钩针把领口和门襟、下摆开衩、袖隆都钩逆短针后收边。

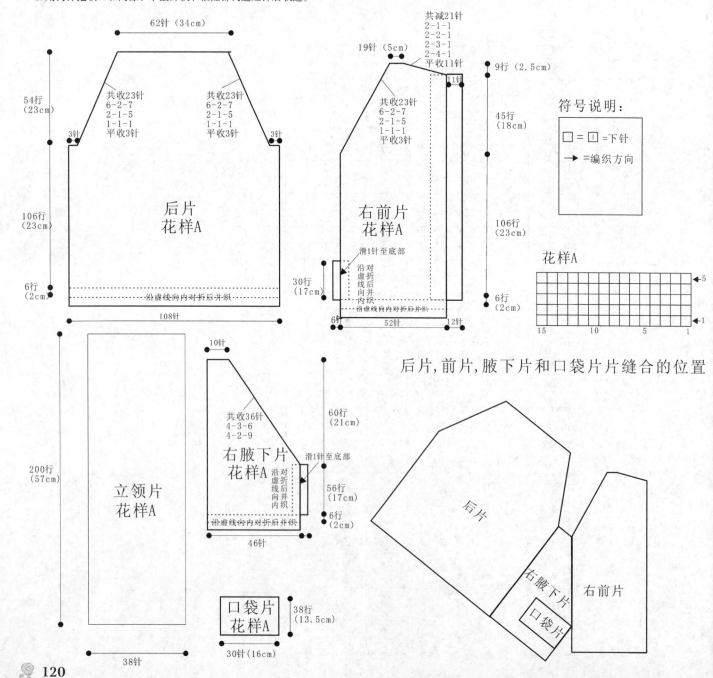

后片,前片,腋下片和口袋片片缝合的位置

翩翩紫裙

【成品规格】衣长90cm，胸围68cm，袖长61cm，背肩宽30cm

【编织密度】花样编织B：10cm² = 42针×16行

【编织工具】2.0mm钩针

【编织材料】淡紫色细毛线480g

【编织要点】

1. 依照结构图及花样编织A圈状拼织。
2. 在花样A上端圈状挑针钩织花样编织B，再依照结构图所示在下裙片收褶，并往上钩织完整衣身片。
3. 依照袖片示意图织完整袖片。
4. 在领口及前门襟处挑针钩织10行短针。
5. 在袖口处挑针钩织相应缘编织B。
6. 在袖轴处分别钩织8个饰花，并固定在相应位置处。

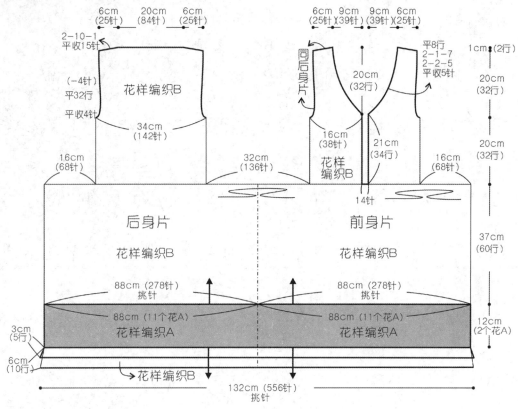

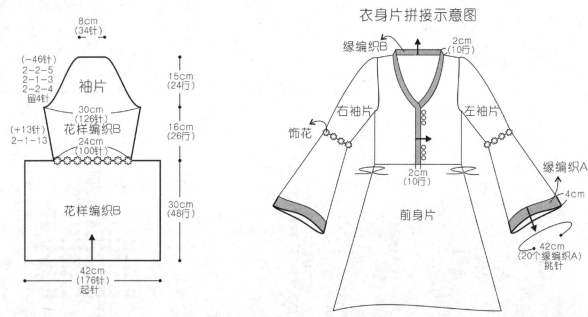

花样编织A

花样编织B

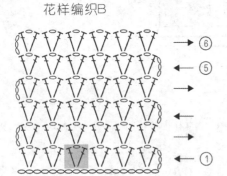

缘编织A

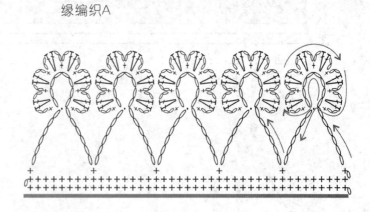

饰花

缘编织B

红霞蓝霓·连裤衣

【成品规格】衣长49cm，胸围87cm，袖长24cm，裤长68cm，臀围107cm

【编织密度】10cm² = 40针 × 55行

【编织工具】12号棒针

【编织材料】创新极品山羊绒线铁锈红色400g，配线200g，牛仔蓝色少许，16cm红色拉链一条，隐形子母扣4粒，红短拉链1条，包扣4粒

【编织要点】

1. 这件衣服为连体衣，由左前片、右前片、后片、裤腰片、裤片（4片裤片+2片裤腿片）组成。先编织裤腰片，织左右裤片，接着织上衣的两个前片、后片和两片袖片全部织好后拼接缝合。

2. 裤腰片的织法：裤腰片由花样A和花样B分别织后缝合而成，花样A的织法是用铁锈红色毛线起21针，按照图示编织356行花样，花样B的织法是用铁锈红色毛线起20针，按照图示编织340行花样，织好后把花样A和花样B的侧边缝合。

3. 裤片的织法：裤片由左前裤片、右前裤片、左后裤片、右后裤片、两片裤腿片、两片提花片和两片裤袋片组成，其中，左后裤片和右后裤片的织法一样，以左后裤片为例，用铁锈红色毛线起75针，先织4行起伏针，接着1~10针织花样D，10~75针织平针，平针右边先按照图示先加针再减针，右边线按照图示加针至裆部，再按照图示减针至裤腿口最后平织18行后，下一行均匀减16针后不收边备用；右前裤片的织法：从胯部向裤腿方向编织，铁锈红毛线起52针，先织2行下针，1行上针，再织平针，同时按照图示方法编织至裤腿口，不收边备用；裤腿片的织法：用铁锈红毛线别线锁针起针法起24针，7针织花样F，17针织花样E，并在花样E的右边按照图示方法减针至花样E的针数全部减完，再在花样F的左边按照图示减针至1针后收边；提花片的织法：用铁锈红毛线起19针，先编织4行起伏针，接着按照提花图案以及毛线颜色编织224行，最后1行均匀减4针后收边；裤袋片的织法：口袋盖A的织法：另线起针法起39针，用铁锈红线织单罗纹15针，再换牛仔蓝色织2行后收边，然后拆开别线的左针辫子，与起伏针的上针处对齐缝合4片裤片、2片裤腿片、2片裤袋片全部织好后按照图示位置缝合拼接，接着后裤腿均匀减16针至50针，前裤腿拼接后，分别在裤腿片、提花片、前裤片上用并收的方法减7针、4针、6针、扣除缝份前裤腿一共50针，按照图示把前后裤腿共100针圈织花样C，10针1花样，共10组花样织29后收边。

4. 右前片的织法：沿裤片拉链的底端挑10针织花样H，边织边与裤片合并，织到裤腰片时再与裤腰片的侧边合并，织16cm花样H后再沿裤腰片侧边挑82针和门襟一起织，右前片织5行花样I，接着左边34针织花样A~F，中间40针织平针，右边8针织花样G，门襟部继续织花样H，其中注意花样E右边先按照20-1-4加4针，不加减织8行后再按照2-1-17减17针，注意减17针的同时，每次2针1针减针的同时，在花样E右侧平针的1针织空加针，共织17次，同时前片织26cm后按照图示方法收袖窿和前领，前领收完后前片和门襟一共33针平织30行不收针备用。

5. 左前片的织法：另起10针织花样H，左前片和右前片织法相同，袖窿和前领减针方向相反。

6. 另起7针织16cm长的单罗纹，作为覆盖在拉链上的织片，左右前片都织好后，把拉链缝合在门襟上，左边门襟的拉链上缝上单罗纹织片。

7. 口袋盖B的织法：用铁锈红毛线沿两个前片图示位置用钩针挑34短针，然后织单罗纹16行，再换牛仔蓝色织2行后收边。

8. 后片的织法：后片沿裤腰片剩余部分挑136针，先织4行起伏针，平织20行后按照图示加针，再平织10行后按照图示收袖窿和后领，后片平织部分织88行织中心花样。

9. 后片装饰条的织法：用铁锈红毛线沿后领单罗纹花样下面20行的地方挑114针上针，然后织12行单罗纹，再换牛仔蓝线织2行单罗纹后收边。

10. 把前片后片的腋下两侧缝合，肩部采用弹性收边缝合。

11. 用牛仔蓝毛线钩2条50cm左右锁针绳子，穿在花样G左边的1针里作装饰。

12. 袖片的织法：牛仔蓝毛线起97针，织2行单罗纹后换铁锈红毛线织14行单罗纹，接着织1行上针后改织平针，平织4行后，袖片中间15针织提花图案，两边按照图示方法减针，最后平收剩余针数，袖片织好后与衣身缝合。

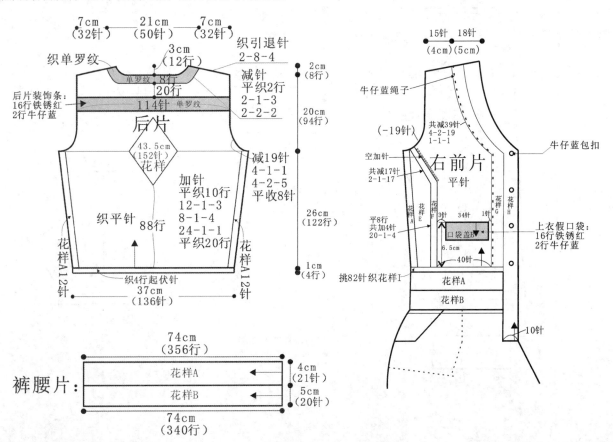

裤腰片:

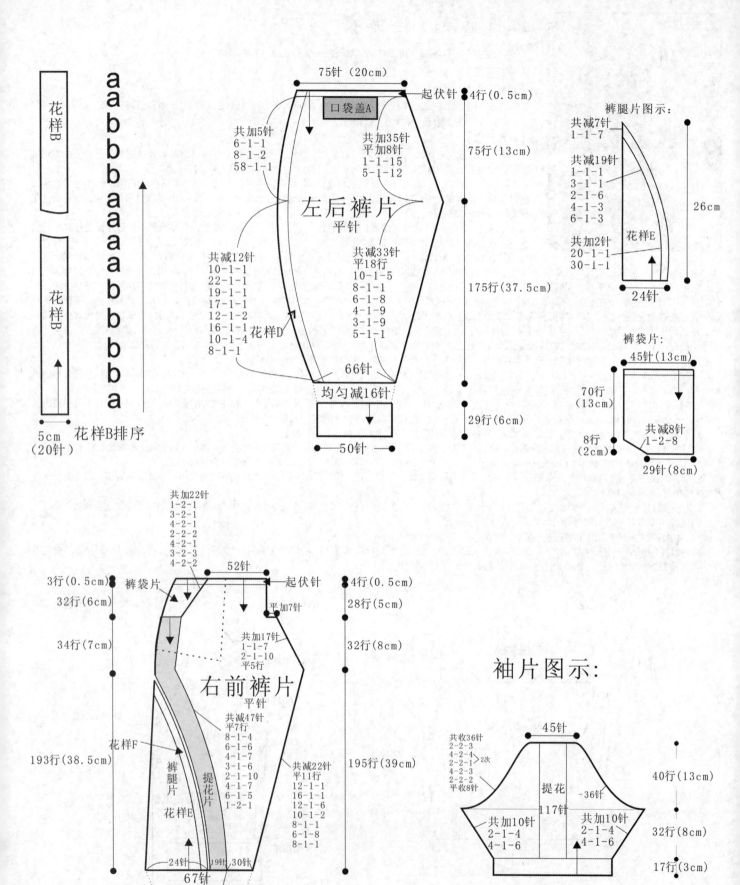

花样B

花样B

花样B排序

5cm
(20针)

a a b b a a a a b b b b a

75针（20cm）

口袋盖A

起伏针 4行(0.5cm)

共加5针
6-1-1
8-1-2
58-1-1

共加35针
平加8针
1-1-15
5-1-12

左后裤片
平针

75行(13cm)

共减12针
10-1-1
22-1-1
19-1-1
17-1-1
12-1-2
16-1-1
10-1-4
8-1-1

花样D

共减33针
平18行
10-1-5
8-1-1
6-1-8
4-1-9
3-1-9
5-1-1

175行(37.5cm)

66针

均匀减16针

50针

29行(6cm)

裤腿片图示：

共减7针
1-1-7

共减19针
1-1-1
3-1-1
2-1-6
4-1-3
6-1-3

花样E

共加2针
20-1-1
30-1-1

24针

26cm

裤袋片：

45针(13cm)

70行
(13cm)

共减8针
1-2-8

8行
(2cm)

29针(8cm)

共加22针
1-2-1
3-2-1
4-2-1
2-2-2
4-2-1
3-2-3
4-2-2

3行(0.5cm)

32行(6cm)

裤袋片

52针

起伏针 4行(0.5cm)

28行(5cm)

34行(7cm)

平加7针

共加17针
1-1-7
2-1-10
平5行

32行(8cm)

右前裤片
平针

花样F

裤腿片

提花片

花样E

共减47针
平7行
8-1-4
6-1-6
4-1-7
3-1-6
2-1-10
12-1-1
16-1-1
6-1-5
1-2-1

共减22针
平11行
12-1-1
16-1-1
12-1-6
10-1-2
8-1-1
6-1-8
8-1-1

195行(39cm)

193行(38.5cm)

24针 19针 30针

67针
(-7) (-4) (-6)

50针

29行(6cm)

袖片图示：

45针

共收36针
2-2-3
4-2-4
2-2-1 2次
4-2-3
2-2-2
平收8针

提花
117针

-36针

共加10针
2-1-4
4-1-6

共加10针
2-1-4
4-1-6

40行(13cm)

32行(8cm)

17行(3cm)

97针

124

□=I
□=铁锈红
■=蓝色

两侧花样:

后片中心

织88行平针后织中心花样

减针位置

□=铁锈红
■=蓝色

花样A   □=−

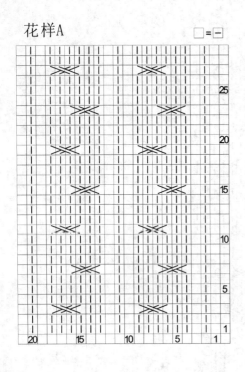

花样C   □=−

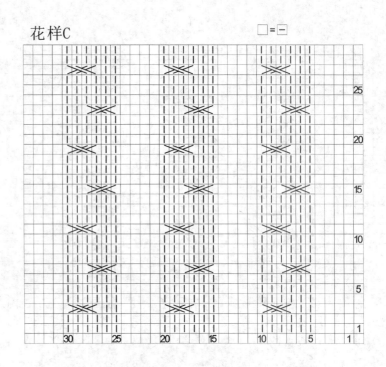

花样B   □=−

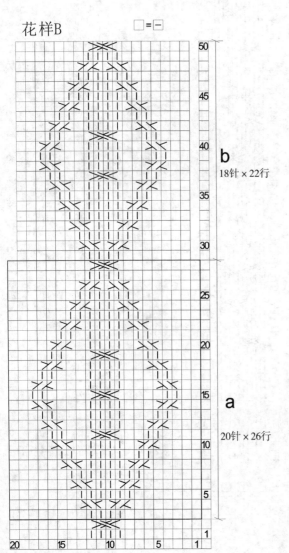

b

18针×22行

a

20针×26行

花样D □=−

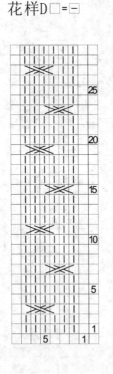

裤腿片花样图示：

□=−

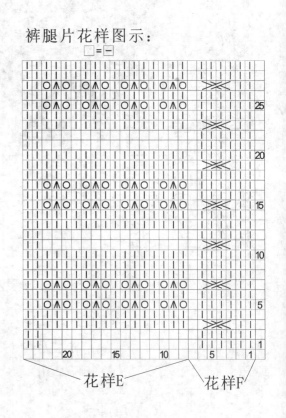

花样E   花样F

126

玫瑰相约两穿衣

【成品规格】衣长60cm
【编织密度】花样编织：$10cm^2$=22针×26行，双罗纹编织：$10cm^2$=50针×40行
【编织工具】6号棒针，2.3mm钩针
【编织材料】玫红色毛线800g
【编织要点】

1. 依照花样A及结构图编织排列11个，在花样A上端挑针编织36行花样编织B，重复编织一次。
2. 在领口上端进行加针编织72行双罗纹编织。
3. 在两袖口处分别挑124针，编织24行双罗纹。
4. 在下摆处挑针钩织23个缘编织。

前、后身片

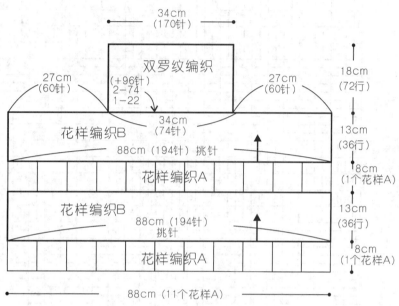

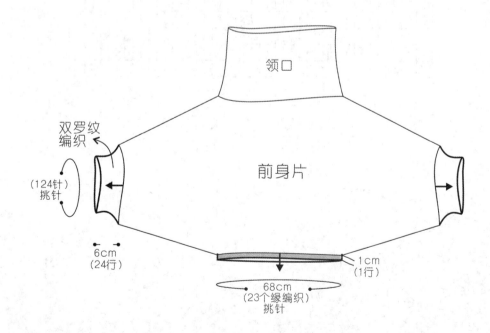

缘编织

花样编织B

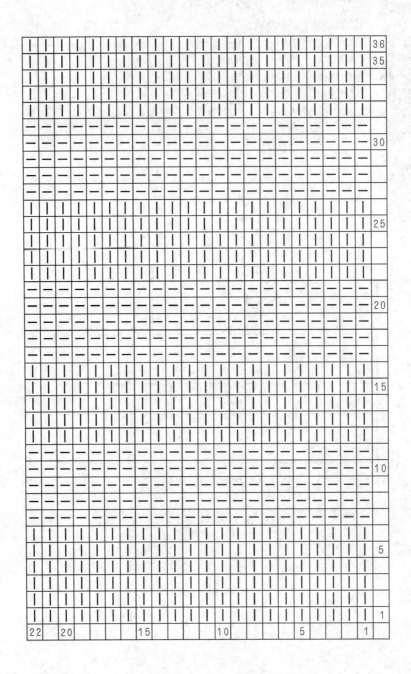

花样编织A

似是故人来·轻中式外披

【成品规格】衣长54cm，胸围114cm，肩袖长42cm

【编织密度】花样编织A、B：10cm²=26针×36行，花样编织C：2.5cm×6cm（8行）/一组

【编织工具】5号棒针，2.0mm钩针

【编织材料】墨绿色毛线250g，彩色段染马海毛50g，砖红色毛线100g

【编织要点】

1. 此款针织衫为棒针与钩针结合编织，后身片与右前身片均是从下摆起148针，依照结构图加针方法及相应花样所示进行编织。单独编织左袖片，并固定在后身片和左袖片。

2. 在后身片左右侧缝处分别挑针编织28行下针，把后右侧缝与前右侧缝处相拼接，在左侧缝处挑针钩织22个花样编织C。

3. 在左右门襟及后领口处挑针钩织相应缘编织，编织完整饰花，固定在前左身片上。

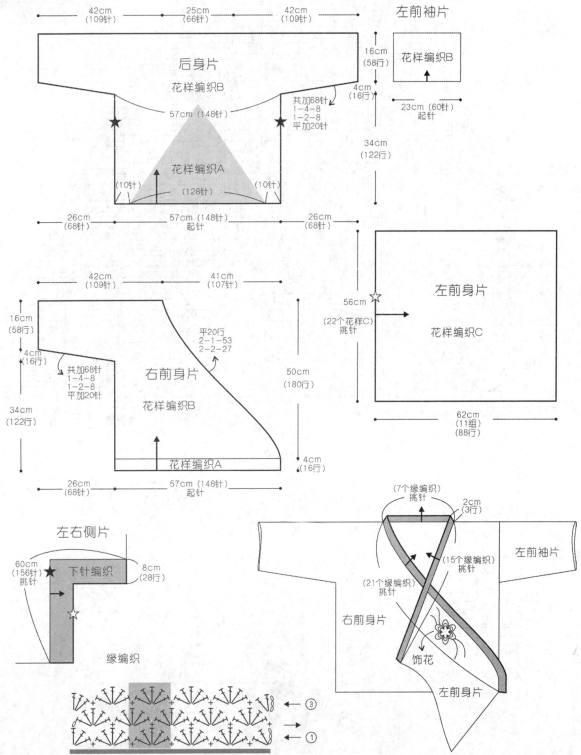

饰花

花样编织A

花样编织B

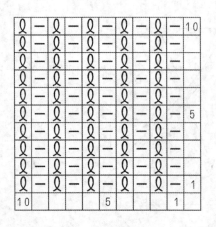

花样编织C

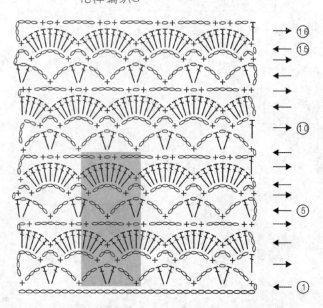

灵犀·长款大圆领裙式通勤装

【成品规格】衣长67cm，胸围90cm，袖长51cm，肩宽37cm

【编织密度】10cm²=30针×46行

【编织工具】13号环形针，缝衣针

【编织材料】灰色毛线225g，1.1cm扣子22颗，7mm暗扣2对

【编织要点】

1. 整件衣服由衣身片、2片袖片、门襟与领片组成，腋下部分前片和后片一起片织，腋上再分片织，右边门襟和领是一起织的，左边门襟单独织。

2. 衣身的织法：用13号环形针起360针，织花样A，10个花，每个花是18针上针，18针下针，织10cm，每组上针右侧减1针，一直到高腰部分，织花样B，接着在前胸的位置均匀加25针，平织27行后分腋，两边腋下各留17针用别线穿好系起来后与袖子一起织。

3. 腋上前片的织法：分腋后袖窝按照1-2（5针减2针）-1，4-2（5针减2针）-6的减针方法减14针，前领在高腰花样B结束后往上织45行后开始按照平收13针，2-1-19减掉51针，平织28行后肩部剩15针平收。

4. 腋上后片的织法：腋上后片袖窝的减针方法同前片，后领窝平收36针后，两侧按照1-3-6收针。

5. 左边门襟的织法：左边门襟挑185针，织花样C。

6. 右边门襟与领的织法：左边门襟处挑256针，领口挑303针，织花样D，第2行留出21个扣眼，门襟与领口拐弯处，每2行加2针，取拐角处那一针为准，左右各加1针，第五行不加这2针，只按加1空针，3针并1针，加1空针进行。第6行开始，还是以拐角处那1针为准，每2行左右各减1针，收到左右各1针，平针法收边反面缝合。

7. 用缝衣针把前片和后片的肩部缝合。

8. 袖片的织法：沿袖隆挑89针，加上分腋留的17针一起圈织，腋下的17针按照2-1-7的减针法在两边各减7针，腋下剩余3针与袖隆挑的89针，共92针往上平织11行后，以腋下中心线为准，在两边按照1-1-1，12-1-1，11-1-1，12-1-1的减针方法腋下各减4针，接着平织25行，开始在腋下中心线两边按照1-1-1，10-1-9各加10针，平织6行后织花样E，最后平收后反面缝合。

9. 高腰部分在两边各捏一个褶用缝衣针缝合，形成收腰的效果，钉上纽扣，门襟上下各一颗暗扣，衣服编织完成。

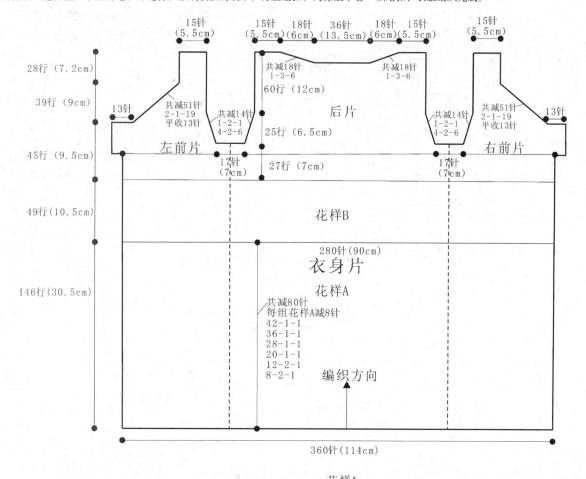

针法说明：

□ = $\overline{1}$ = 下针	
− = 上针	
人 = 左上2针并1针	
入 = 右上2针并1针	
人 = 左上3针并1针	
O = 空针	
→ = 编织方向	

花样A

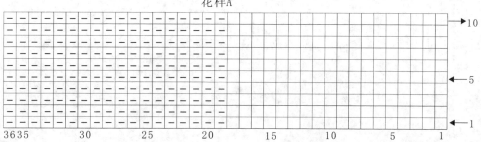

花样B

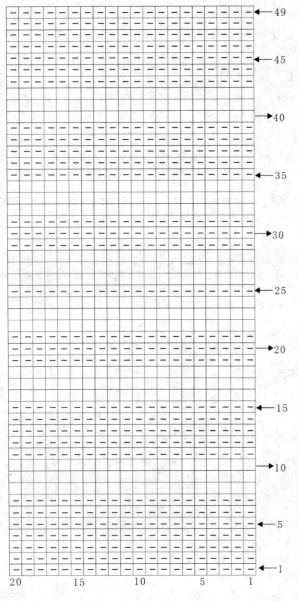

花样E

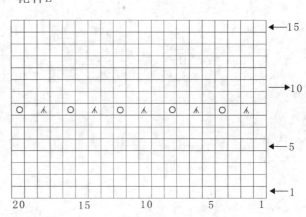

袖片

104针（37cm）

向内折叠缝合花样E
15行（4cm）
104针
6行（1.5cm）

共加10针
10-1-9
1-1-1

共加10针
10-1-9
1-1-1

袖片

91行（22cm）

84针

84针

25行（6.5cm）

共减4针
12-1-1
11-1-1
12-1-1
1-1-1

共减4针
12-1-1
11-1-1
12-1-1
1-1-1

36行（10cm）

编织方向

3+89=92针

11行（3cm）

共减7针
2-1-7

共减7针
2-1-7

14行（4cm）

89+17=106针（36cm）

花样C

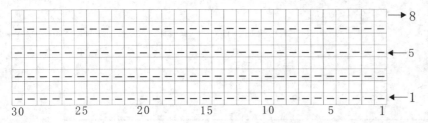

花样D

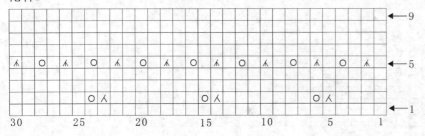

简约·黑与白

【成品规格】长69.5cm，胸围88cm
【编织密度】前片棒针部分：10cm²=15.5针×23行
【编织工具】8号棒针，5.5mm钩针，缝衣针
【编织材料】白色毛线100g，黑色毛线300g
【编织要点】
　　1. 衣服分为前片和后片2部分，前片是棒针编织，后片是钩针编织。
　　2. 前片的编织方法：从下往上织，用黑色毛线8号棒针起72针，织23行花样A后开始织图案部分花样B，注意织34针后换白线织，织83行花样B后开始在两边按照6针减2针，平1行，6针减2针，4-2（6针减2针）-2的减针方法织袖窝，平5行后开始织V领，下一行把中间的4针，左边的2针与右边2针交叉，且左边的2针在上面，把此时的针数分成2部分，然后分别按照平1行，6针减2针，4-2（6针减2针）-5，的减针方法织前领窝，然后平18行。最后肩部剩16针平针法收边。
　　3. 后片的织法：5.5mm钩针起96针，织36行花样C。
　　4. 把前片、后片用缝衣针缝合。

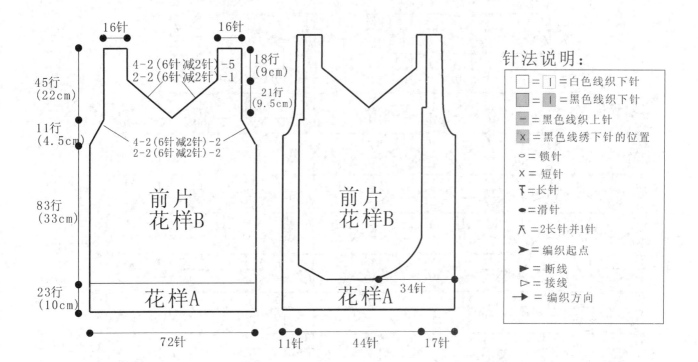

针法说明：

□ =	Ⅰ =	白色线织下针
▨ =	Ⅰ =	黑色线织下针
— =		黑色线织上针
☒ =		黑色线绣下针的位置
○ = 锁针		
✕ = 短针		
⊤ = 长针		
● = 滑针		
⋀ = 2长针并1针		
▶ = 编织起点		
► = 断线		
▷ = 接线		
→ = 编织方向		

前片图示标注：
16针　16针
4-2（6针减2针）-5
2-2（6针减2针）-1
18行（9cm）
21行（9.5cm）
45行（22cm）
11行（4.5cm）
4-2（6针减2针）-2
2-2（6针减2针）-2
83行（33cm）
前片 花样B
23行（10cm）
花样A
72针
前片 花样B
34针
花样A
11针　44针　17针

花样A

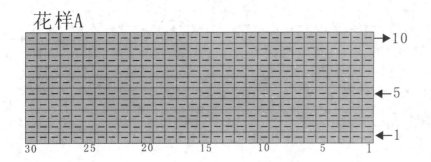

花样C

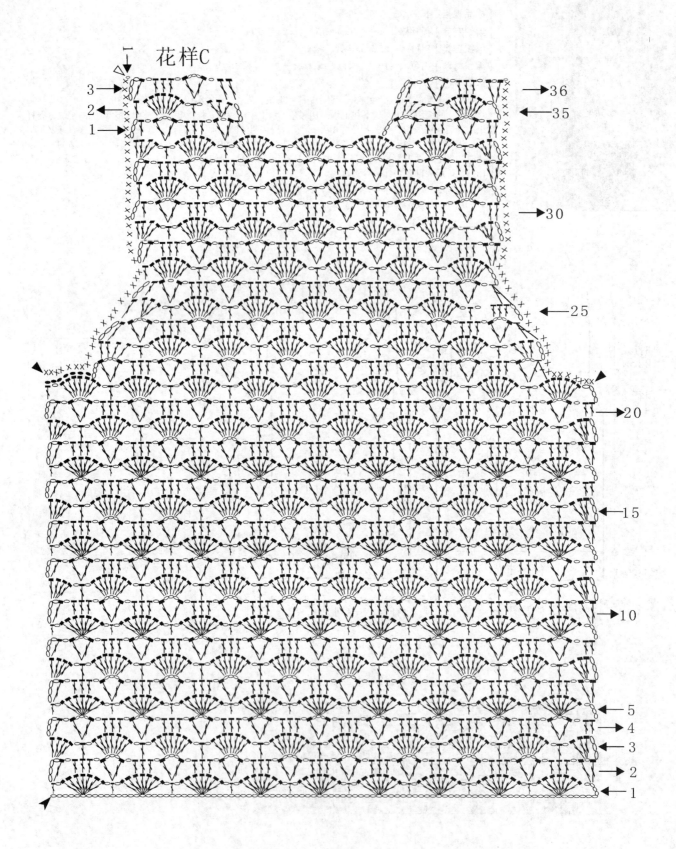

花样B

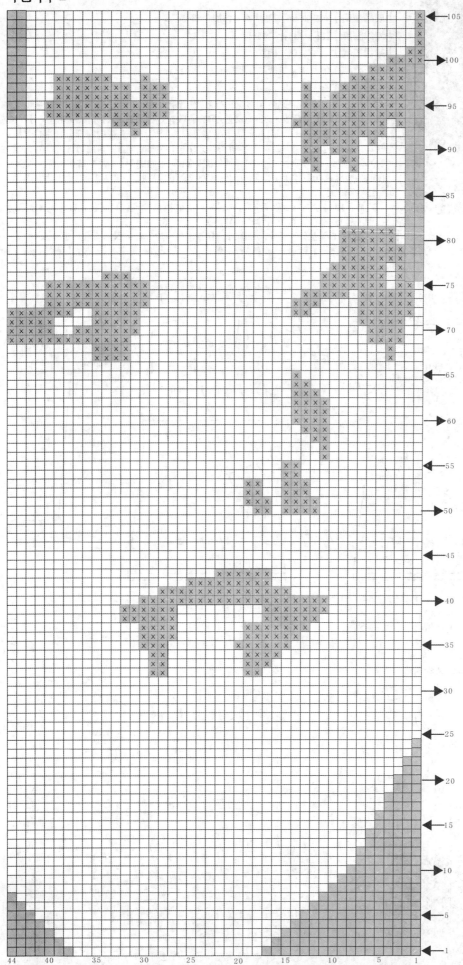

幸福微澜

【成品规格】衣长80cm，胸围86cm，袖长58cm
【编织密度】10cm²=35针×45行
【编织工具】14号、13号棒针
【编织材料】创新山羊绒线牛仔蓝150g，白色125g
【编织要点】

1. 后片：用14号棒针起180针织13行下针1行上针再织13行下针对折合并；换13号棒针织，每10行换色；两侧按图示加减针织出腰线，织57cm开挂肩，各收掉16针织21cm后领窝和斜肩同时开始减针。

2. 前片：用14号棒针起180针，下半部分织法同后片；上部中间部分：用13号棒针起40针平织90行，中间平收26针，两边 2-3-1，2-4-1。斜条部分：用13号棒针起3针，两边加针2-1-20，共43行；里侧直边继续加针2-1-20，外侧斜边收针 1-1-54；两外侧分腋部分：用13号棒针起25针平织，外侧加针10-1-5（和后片同样长度时分腋针数同后片）里侧斜边加针 4-1-2，然后平收3针再2-1-8（和后片同样长度时织斜肩，肩余25针）最后缝合到一起。

3. 袖：用14号棒针起70针底边同后片；上面换13号棒针织间色花样，两侧按图示加针，织46cm开始织袖山，腋下各平收8针，再每4行减2针减16次，最后36针平收。

4. 装饰口袋：用13号棒针起40针，织中间的10针后往两边织引退针，每次3针引出5，再两边收针，最后平收，缝在衣服上。

5. 领：用14号棒针挑200针，先织领台：织1行上针5行下针再1行上针5行下针；平收后反面一对一缝合，在中间的一行上针处挑200针平织8行后平收，形成自然卷边；完成。

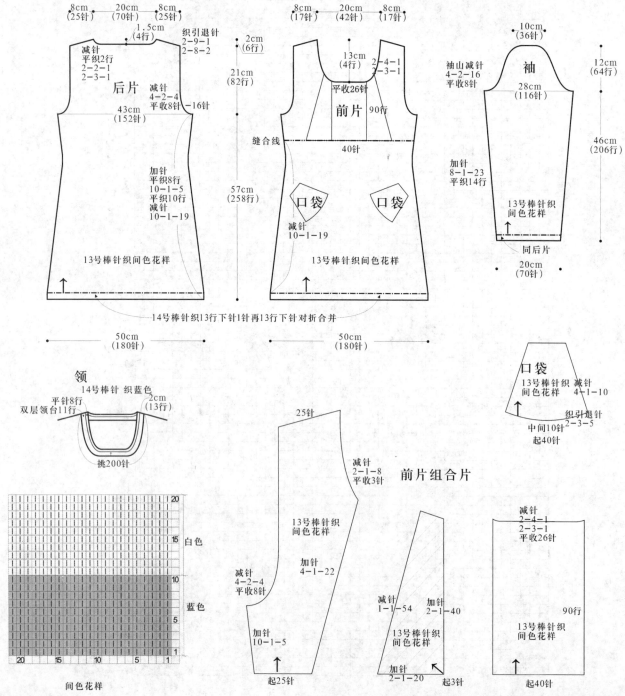

后片

8cm（25针）　20cm（70针）　8cm（25针）
1.5cm（4行）
织引退针 2-9-1 2-8-2
减针 平织2行 2-2-1 2-3-1
减针 4-2-4 平收8针 -16针
43cm（152针）
加针 平织8行 10-1-5 平织10行 减针 10-1-19
13号棒针织间色花样

2cm（6行）
21cm（82行）
57cm（258行）

前片

8cm（17针）　20cm（42针）　8cm（17针）
10cm（36针）
13cm（4行）
2-4-1 2-3-1
平收26针
前片　90行
缝合线
40针
口袋　口袋
减针 10-1-19
13号棒针织间色花样

14号棒针织13行下针1针再织13行下针对折合并

50cm（180针）　　50cm（180针）

袖

袖山减针 4-2-16 平织8针
28cm（116针）
加针 8-1-23 平织14行
13号棒针织间色花样
同后片
20cm（70针）
12cm（64行）
46cm（206行）

领

14号棒针 织蓝色
平针8行
双层领台11行
2cm（13行）
挑200针

口袋

13号棒针织间色花样　减针 4-1-10
织引退针 2-3-5
中间10针
起40针

前片组合片

25针
减针 2-1-8 平织3针
13号棒针织间色花样
减针 4-2-4 平织8针
加针 4-1-22
加针 10-1-5
起25针

减针 1-1-54
13号棒针织间色花样
加针 2-1-40
加针 2-1-20
起3针

减针 2-4-1 2-3-1 平收26针
90行
13号棒针织间色花样
起40针

间色花样

白色
蓝色

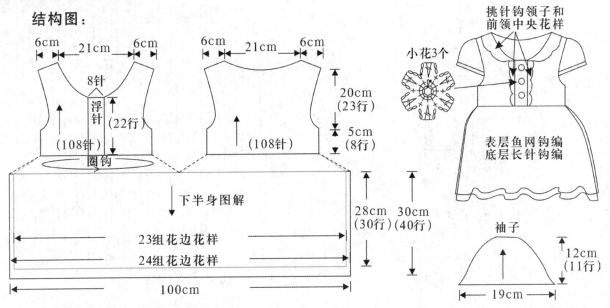

梦之衣

【成品规格】衣长55cm，胸围80cm

【编织工具】2.5mm可乐钩针

【编织材料】灰色棉线400g

【编织要点】

1. 参照前后片图解，从腰部起216针，钩长针8行后分袖。在第22行分前领口，在第31行分后领口。在第32行结束上半身。

2. 参照下半身图解，腰部的每3针加1针长针，钩到第30行完成底层钩编。参照图解的灰色部分为表层钩编，需钩40行。继续钩下摆花边，底层钩23组花边花样，表层钩24组花边花样。

3. 参照袖子图解，钩袖子2个，与衣身拼合。

4. 参照前领中央挑针装饰图解，挑浮针左右两边钩扇形花样。钩3个小花装饰在中央。

5. 参照领子图解，钩10组花样，共钩8行。

结构图：

挑针钩领子和前领中央花样

小花3个

表层鱼网钩编
底层长针钩编

6cm 21cm 6cm

8针
浮针
(22行)

(108针)

圈钩

6cm 21cm 6cm

20cm
(23行)

5cm
(8行)

(108针)

下半身图解

23组花边花样
24组花边花样

100cm

28cm 30cm
(30行)(40行)

袖子

12cm
(11行)

19cm

领子图解：领子需要钩10组花样

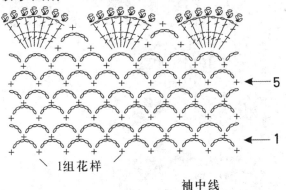

——5

——1

1组花样

袖子图解：

袖中线

——10

——5

1起22组花样

——1

1组花样

——4

前领中央挑针装饰图解：

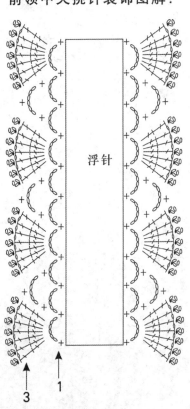

浮针

3

1

前后片图解：

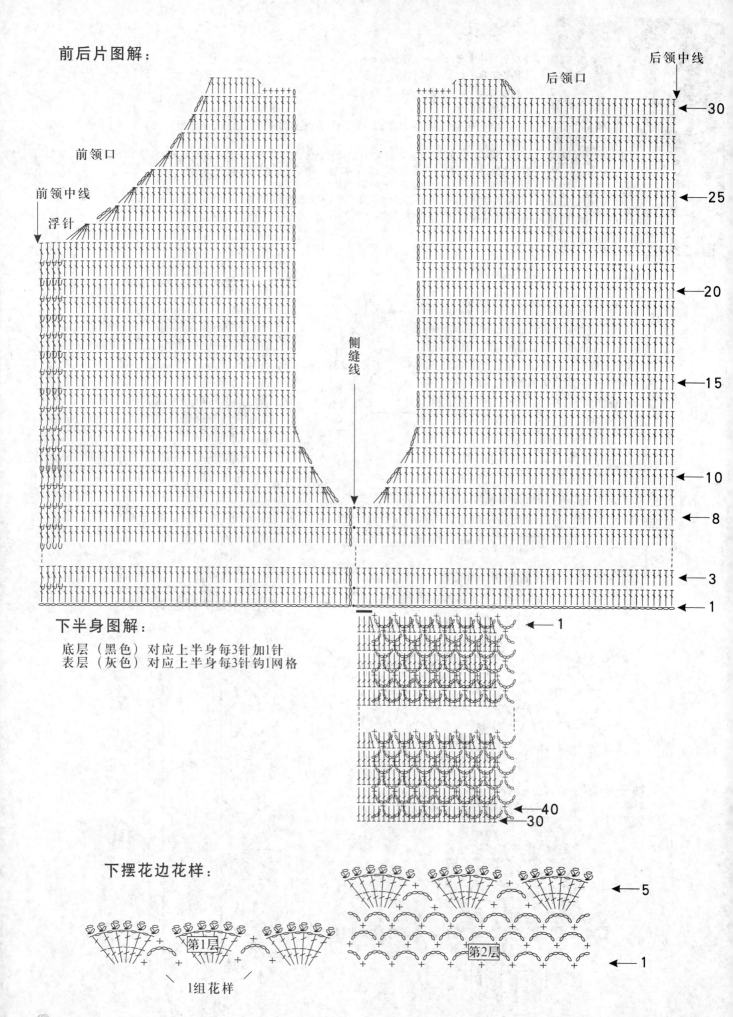

后领中线

前领口

前领中线

浮针

后领口

侧缝线

30

25

20

15

10

8

3

1

下半身图解：

底层（黑色）对应上半身每3针加1针
表层（灰色）对应上半身每3针钩1网格

1

40
30

下摆花边花样：

第1层

第2层

1组花样

5

1

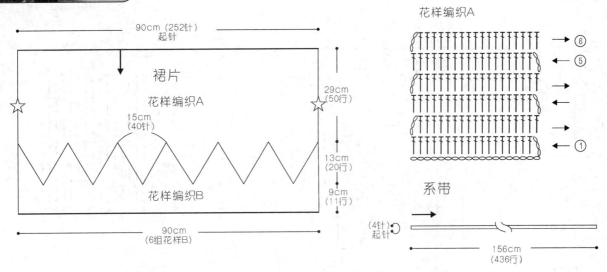

春之光·钩布结合三件套裙装（裙子）

【成品规格】裙长51cm，腰围90cm

【编织密度】花样编织A：10cm²=28针×17行

【编织工具】2.3mm钩针

【编织材料】土黄色毛线400g

【编织要点】
1. 从腰头起针依照结构图及花样编织图所示圈状编织完整裙片。
2. 编织系带安装在裙片腰头处。

花样编织A

裙片

90cm（252针）
起针

裙片

花样编织A

15cm
（40针）

29cm
（50行）

13cm
（20行）

9cm
（11行）

花样编织B

90cm
（6组花样B）

系带

（4针）
起针

156cm
（436行）

花样编织B

春之光·钩布结合三件套裙装（衣服）

【成品规格】衣长59cm，胸围76cm，背肩宽30cm
【编织密度】花样编织A：10cm²=28针×17行
【编织工具】2.3mm钩针
【编织材料】土黄色毛线300g
【编织要点】

    1. 后身片从肩线处起针，依照结构图及花样编织图所示编织完整前后身片。
    2. 在前身片及后身片上端挑针钩织花样编织B。
    3. 缝合前后肩线处。

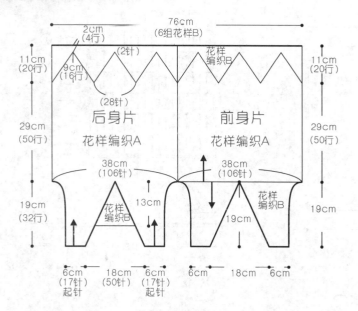

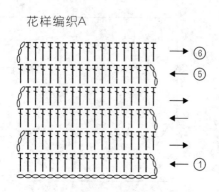

花样编织A

花样编织B

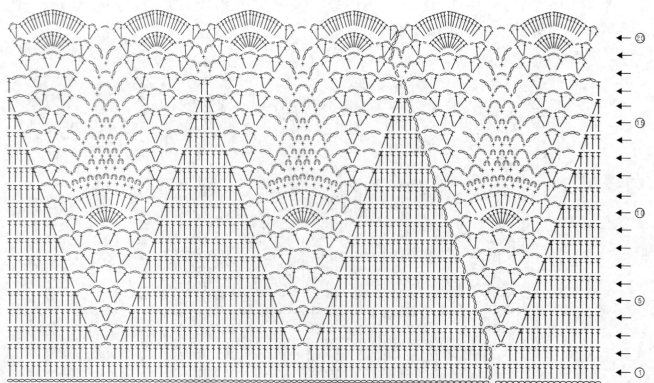

上半后身片花样示意图

上半前身片花样示意图

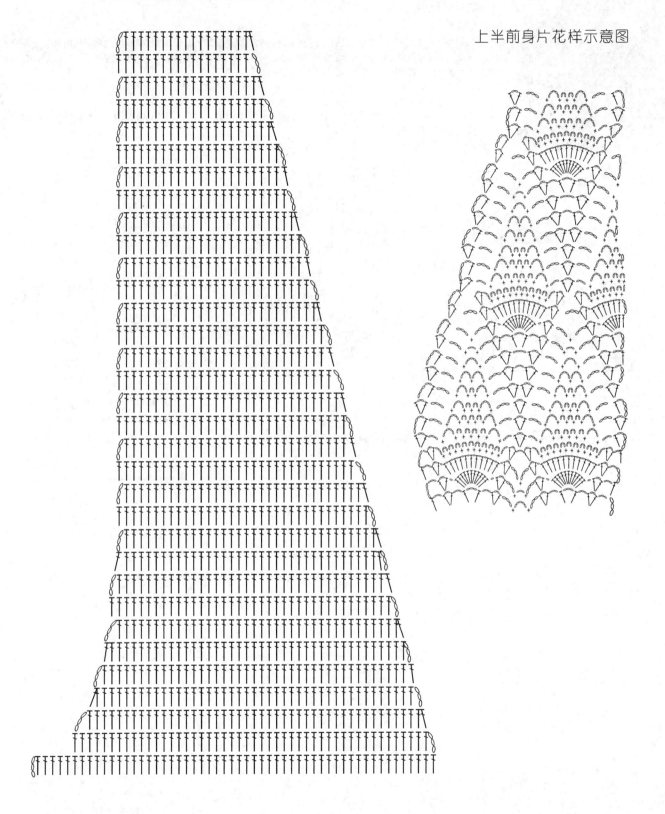

雅致·披肩式外套

【成品规格】 衣长63cm，胸围84cm，袖长58cm

【编织密度】 10cm² = 43针 × 50行

【编织工具】 13号棒针

【编织材料】 创新手编山绒驼色300g

【编织要点】

1. 后片：起217针织6行起伏针后织花样100行，然后织平针22行后，减1针织双罗纹30行均收20针上面全部织平针；从织花样开始起织64行开始在两侧减针，至双罗纹结束；挂肩织18cm，两侧各收24针，减针方式以2针为茎，每4行并收2针；肩织斜肩，后领窝留1.5cm。

2. 前片：织法同后片；起149针，81针织衣身；另68针为门襟和领，和衣身同织；肩部完成后另70针继续向上织43行；与对应的另一片做无缝缝合；多织的部分里侧与后领窝缝合成领。

3. 袖：起90针织起伏针6行后织花样66行，上面全部织平针；从花样起织60行开始在两侧加针，织168行，袖山减针方法同身片；最后52针平收。

4. 缝合：缝合各部分，整理好织物，完成。

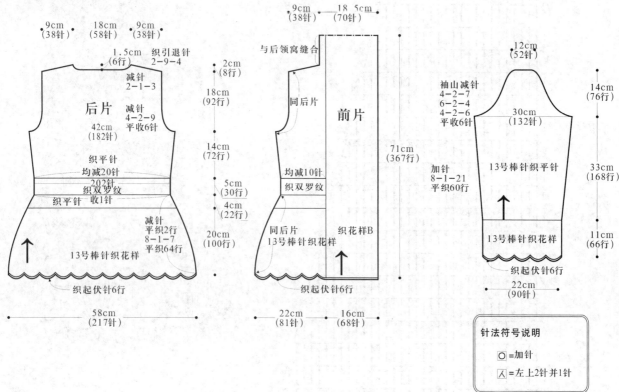

针法符号说明

○ = 加针

人 = 左上2针并1针

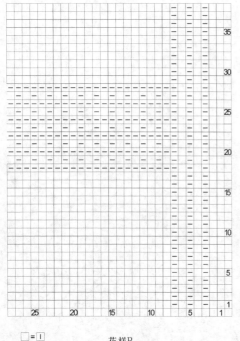

花样B

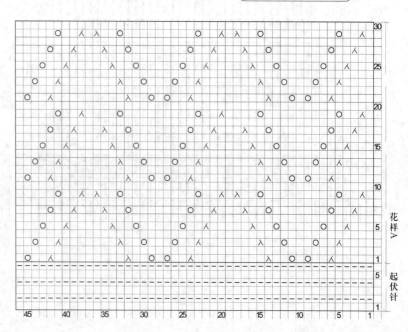

□ = ①

花样A

白日梦

【成品规格】衣长49cm，胸围82cm，袖长44cm

【编织密度】10cm²=26针×37行

【编织工具】10号环形针、10号棒针，缝衣针，2.0mm钩针

【编织材料】创新安哥拉马海毛线200g，羊绒线1股100g

【编织要点】

1. 整件衣服采用钩织结合的方法，由衣身片、前片、后片、2只袖片、领片组成，衣身用棒针，2只袖子用钩针，衣身腋下部分是前后片一起编织的，分腋后前后片分片织。

2. 衣身的织法：用10号环形针起630针，圈织41行花样A，6针1花样，共105个花样A，接着3针并1针，每个花样减4针，共减420针，此时210针平织3行，接着在前片靠近腰部的两边等距离缩针，左右两边各缩针3次，每次缩针都是3针并1针；后片从中间分，左右两边分别等距离间隔缩针3次，每次都是3针并1针，每个地方缩2针，前后片共12个地方缩2×12=24针，此时的210-24=186针平织34行（10cm）后开始左右两侧腋下按照10-2-6的方法加针，以两边腋下中心线为基准，在基线两边各加1针，两边各加2×6=12针，把此时的210针（186+12×2=210）一分为二，前片和后片各105针。

3. 腋上前片的织法：前片分片织后开始收袖隆，在两边按照2-1-8各减8针，同时分腋后往上织32行后开始挖前领，中间平收31针，在两边按照2-1-10各减10针，肩部各剩19针平织16行后平收。

4. 腋上后片的织法：后片袖隆收针和前片一样，同时分腋后往上织60行开始收后领，中间平收47针，在两边按照2-1-2各减2针，肩部各剩19针往上平织12行后平收。

5. 用缝衣针把前片和后片的肩部缝合。

6. 领片的织法：12号环形针沿缝合好的领口挑158针（前片挑88针，后片挑70针），织5行单罗纹后弹性收边。

7. 袖片的织法（2片）：袖片由21个整片单元花和2个半片单元花组成，参照单元花图示以及单元花的排列位置花，袖口挑58针，10号棒针织16行单罗纹。

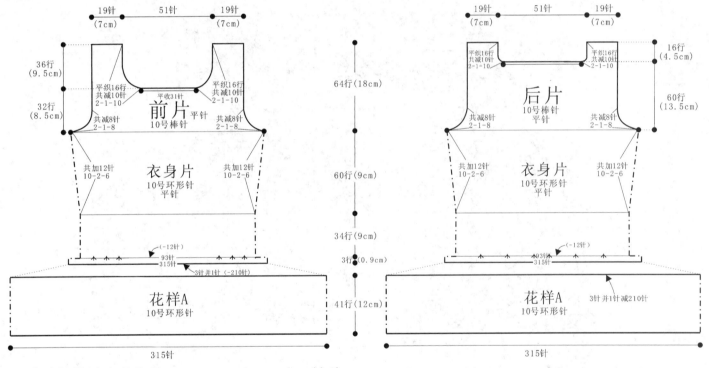

＊ 入＝中间在上3针并1针

针法说明：

○＝锁针
×＝短针
▼＝长针
▼＝长长针
入＝3长针并1针
●＝引拔针
→＝编织方向
▶＝编织起点
▶＝断线

袖片（21个单元花+2片半个单元花）

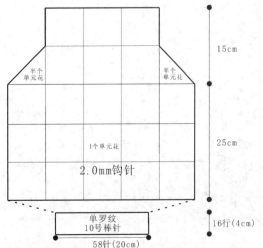

单元花图解（黑色圆点为单元花之间的连接点） 半个单元花图解（黑色圆点为单元花之间的连接点）

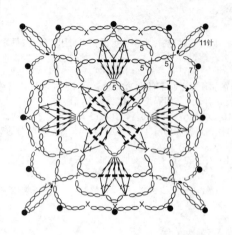 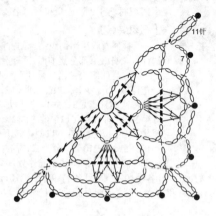

袖片

娃娃款浆果花米色韩式大衣

【成品规格】衣长67cm，胸围84cm，袖长56cm

【编织密度】10cm²=16针×26行

【编织工具】7号、8号棒针，5号钩针（日本可乐钩针2.3mm）

【编织材料】创新短貂绒线米色500g，粉色250g；腰鼓木扣棕黑色3颗，蕾丝提花花边米色180cm

【编织要点】

两种线各2股合股织；

1. 后片：8号棒针起95针织花样A104行暂停；另起95针织2行后与刚织的部分合并，并在合并线钩花边；换7号棒针中心织花样B，两侧各10针织双罗纹；织9cm开挂肩，腋下逐渐收12针，织18cm后肩18针平收；后领窝35针待织帽。

2. 前片：起54针，织法同后片。

3. 袖：起41针，中心15针织花样C，两侧织花样A，按图示加针织42cm后织袖山，腋下平收3针，再分别按图示减针，最后13针平收。

4. 帽：缝合各部分，将领部预留的针数穿起织帽，两边各15针继续沿着前片花样往上织，中间织花样A；织32cm平收，缝合帽顶。

5. 门襟及扣饰：用4.5mm针起12针织起伏针180cm，沿正身及帽边缘一周缝合；另用蕾丝花边沿里衬缝合，边缘留出少许花边点缀；另织扣饰3套，固定在纽扣位置。

6. 收尾：沿各底边钩花边，完成。

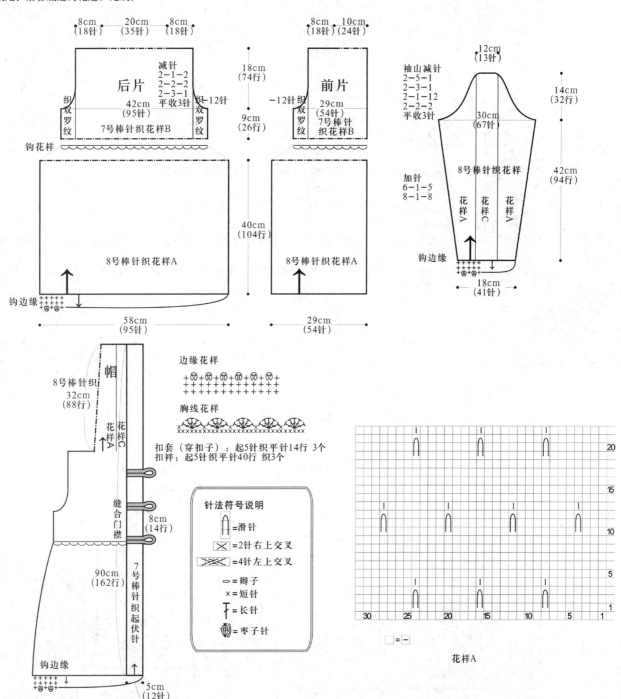

边缘花样

胸线花样

扣套（穿扣子）：起5针织平针14行 3个

扣袢：起5针织平针40行 织3个

针法符号说明

|=滑针

⨂=2针右上交叉

⨶=4针左上交叉

○=辫子

×=短针

⊤=长针

✦=枣子针

花样A

□=[一]

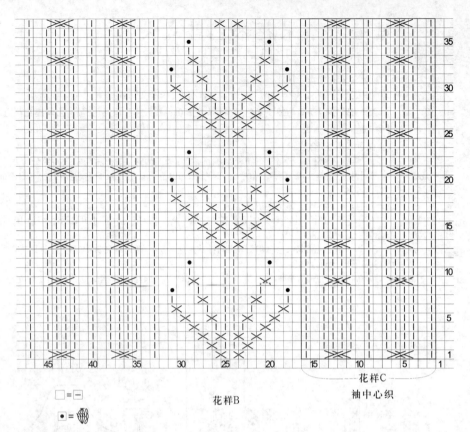

□ = □
● = (⚭)

花样B

花样C
袖中心织

麻花情结

【成品规格】衣长60cm，胸围78cm，袖长53cm，超出花边3.5cm

【编织工具】13号棒针，2.0mm钩针

【编织材料】中灰色303貂绒线250g，一股同色的羊绒配线225g

【编织要点】

1. 整件衣服分为衣身片，前领片，后领片和2片袖片组成。衣身片腋下部分是前后片一起织的，腋上部分分前片和后片分开织。

2. 衣身片的织法：用13号棒针起308针圈织，织192行花样A，每组花样14针，共22组花样，共绞20次麻花，衣身片完成。

3. 腋上前后片的织法：衣身的308针留前领口和后领口4针平收，把300针分成6份，前片2份各71针，后片2份各71针，腋下2份各8针用别线穿起来不织，继续不加不减织78行花样A，最后平针法收边。

4. 把前片和后片肩部缝合。

5. 袖片的织法：袖片为2片，织法相同。沿袖窿挑114针，加上腋下留的8针一起圈织，腋下按照5-2-1，3-2-1，2-1-1，9-1-1，11-2-2减10针，把腋下中间的2针下针改为2针上针，继续不加不减织织125行，然后把针数分为2部分，开口在手背处，开始片织，并在开口的两边按照2-2-9的减针方法各减18针，最后袖口剩68针平收，最后在袖子开口处用2.0mm钩针钩织花样B，钩2条21cm左右长辫子的带子系在袖口。

6. 沿前领口和后领口一圈钩织花样C。

7. 前领片的织法：按照走势图钩9朵单元花作为前领缝在前领口，编织的过程中要注意花朵与花朵之间的连接。

8. 后领片的织法：按照走势图钩12朵单元花作为后领缝在后领口。

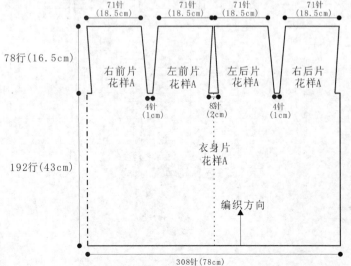

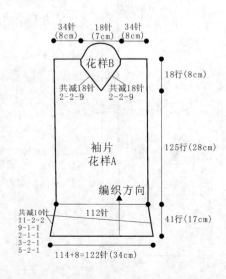

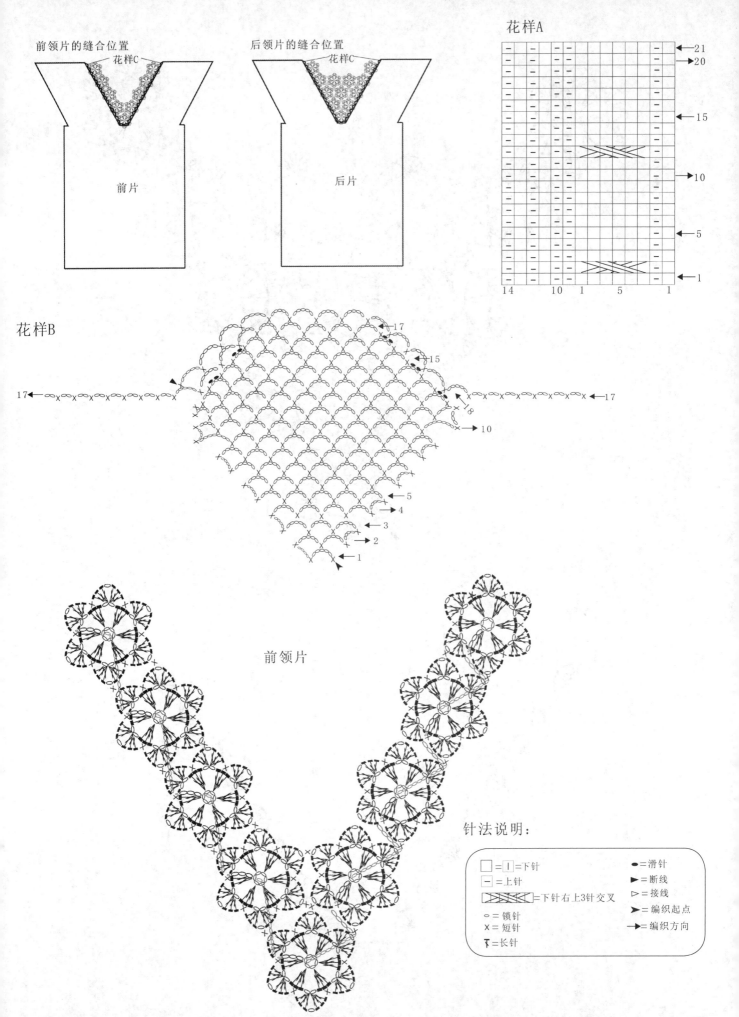

前领片的缝合位置
花样C

后领片的缝合位置
花样C

前片

后片

花样A

花样B

前领片

针法说明：

□ = I = 下针		●= 滑针
− = 上针		►= 断线
⟋⟍⟍⟋ = 下针右上3针交叉		▷= 接线
○ = 锁针		►= 编织起点
× = 短针		→= 编织方向
↑ = 长针		

后领片

花样C

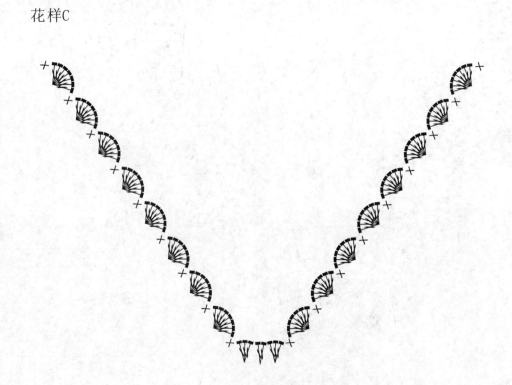

粉色"衣"人

【成品规格】衣长62cm，胸围106cm，袖长42cm

【编织密度】10cm²=16针×23行

【编织工具】5号、9号、11号、12号棒针

【编织材料】创新多彩花式线1000g，三利澳兰尼毛线150g；纽扣7枚

【编织要点】
由帽顶向下织，衣服完成后绣花。

1. 帽：别色线起44针织花样16行后拆掉别色线，反方向同织花样16行后，沿花样C的侧面挑28针并连接两侧织64行；帽体完成。

2. 身片：按图示分出前后身片及袖；在每个交界处加针，织46行，腋下加8针；此时分别织衣身和袖；衣身织24行后前片两侧开出衣袋口，并连织口袋底片；织80行后衣身正身部分平收；边缘花样A处拐角通过加收针成V形，回过去织出底边，中心无缝缝合。

3. 袖：袖34行，并在两侧减针，袖口边缘横织花样A连接；另用灰色线织出袖套部分，在里层与花样A处缝合。

4. 绣花：在前片用灰色线绣出花朵装饰，缝合各部位纽扣，完成。

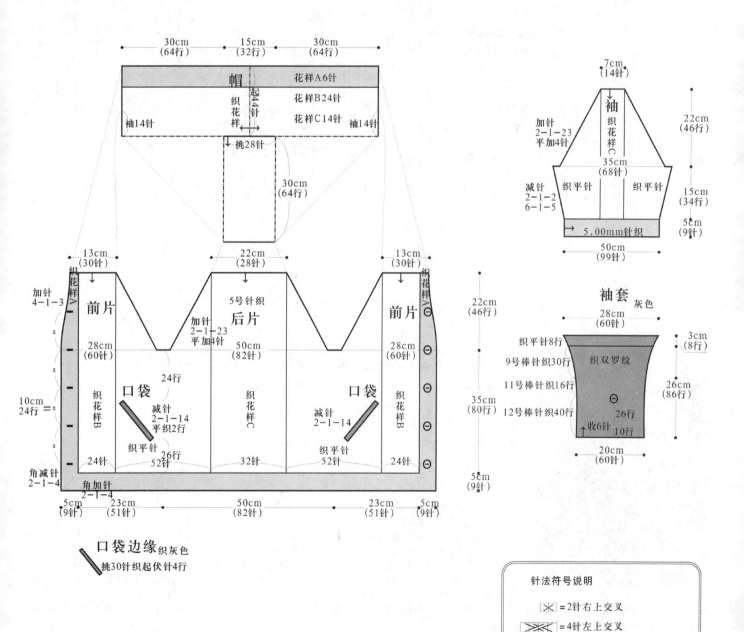

口袋边缘 织灰色

挑30针织起伏针4行

针法符号说明

✕ =2针右上交叉

✕✕ =4针左上交叉

✕✕ =4针右上交叉，中间2针不变

149

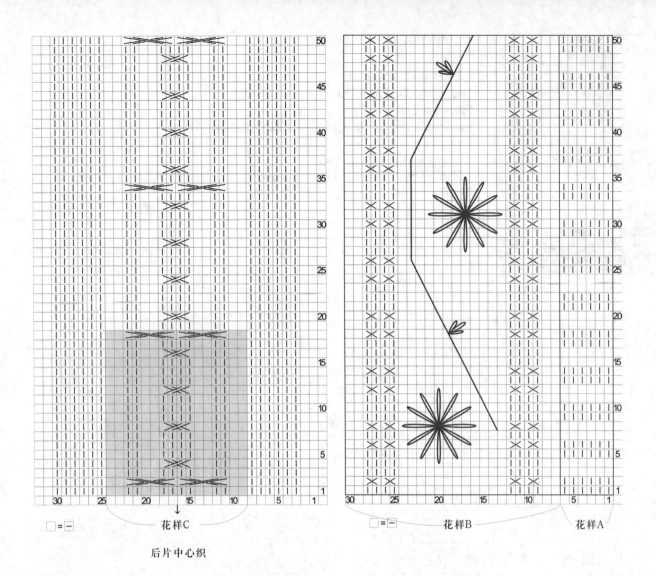

花样C

后片中心织

花样B　花样A

□ = ─　　　　□ = ─

"春之歌"红色花朵公主裙&披肩套装

【成品规格】披肩长53cm，领围57cm，衣摆边180cm；连衣裙长79cm（主体裙长73cm+6白纱），胸围72cm，
　　　　　　肩宽30cm，下摆宽68cm

【编织工具】2.0mm钩针

【编织材料】创新大红色马海毛线400g，披肩120g左右，连衣裙280g左右；6.5cm×80cm、14cm×150cm、
　　　　　　3.5cm×85cm白色雪花花边各一条

【编织要点】

1. 整件作品是披肩和背心式连衣裙一套；有两种穿法，披肩可以直接披在背心裙上穿，也可以把背心裙肩
带上的扣子扣在披肩领口花边形成的自然扣眼里，披肩与裙子合为一体，披肩可当袖子穿着。

2. 披肩的织法：从领口往下钩，起181针按照花样A进行加针编织79行，共18组花样，织完后用缝衣针把白
色花边缝在领口，边缝合边捏出褶皱，再编织一条长为110cm的萝卜丝短针毛边，用缝衣针固定在领口处，覆
盖在白色花边上面，接着沿领口处挑针钩织34个缘编织A。

3. 连衣裙的织法：连衣裙分为2部分，上身和裙摆，上身从腰部往上编织，2.0mm钩针起279针参照织上身
花样图示织花样B，15针1花样，共18.5组，1～4行为圈织，5行以上为片织；裙摆从腰部开始往下编织，参照
裙摆图示钩花样C，12针1花样共21组花样；参照花1～花6的图示编织6个装饰花，缝在裙子适当位置；用6股
20cm左右长毛线对折后固定在裙摆底边每组花样C的中间位置作为流苏；参照花A～花D的图示分别钩好花朵，再用渔网针把上身的前片和后片连接起
来；最后按照连衣裙拼接图示，把连衣裙拼接完成。

4. 钩一条175cm左右的锁针长辫子，缝上3.5cm×85cm白色雪花花边当腰带。

披肩拼接示意图：

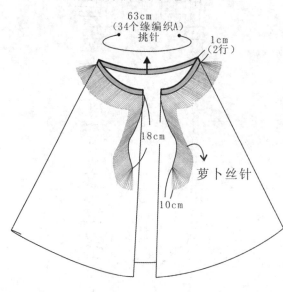

57cm（18组）
起181针

53cm
（79行）

3.5cm

披肩主体
花样A

10cm

180cm（18组）

63cm
（34个缘编织A）
挑针

1cm
（2行）

18cm

10cm

萝卜丝针

衣身片拼接示意图

超出部分缝于后片

缘编织B

花A

组扣

（16个缘编织B）
挑针

花B

花5

花C

超出部分缝于后片上

花D

花6

花4

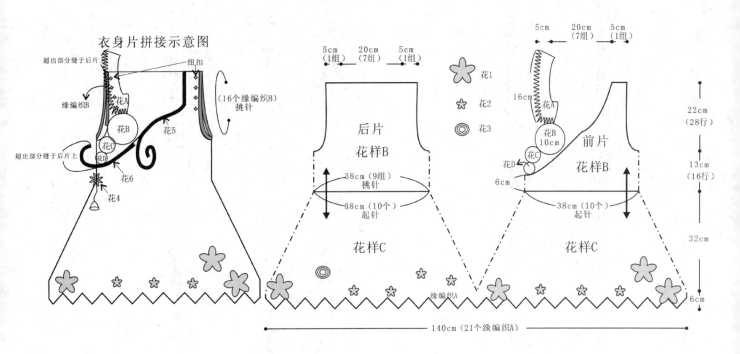

5cm
（1组）

20cm
（7组）

5cm
（1组）

后片
花样B

38cm（9组）
挑针

38cm（10个）
起针

花样C

花1

花2

花3

5cm

20cm
（7组）

5cm
（1组）

16cm

花A

花B
10cm

花C

花D

前片
花样B

6cm

38cm（10个）
起针

花样C

22cm
（28行）

13cm
（16行）

32cm

6cm

缘编织A

140cm（21个缘编织A）

针法说明：

○ = 锁针
✕ = 短针
T = 中长针
干 = 长针
● = 引拔针
丁 = 外钩长针
► = 编织起点
► = 断线
∇ = 狗牙拉针
⬤ = 5加长针的枣形针
➜ = 编织方向

缘编织A：（粉色块为1花样，共34个）

←3
←2
←1

缘编织B：

←1

花5、花6图示：

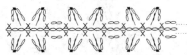

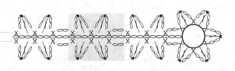

粉色块为1花样，花5共29朵花，花6共11朵花

151

披肩图示：（花样A）

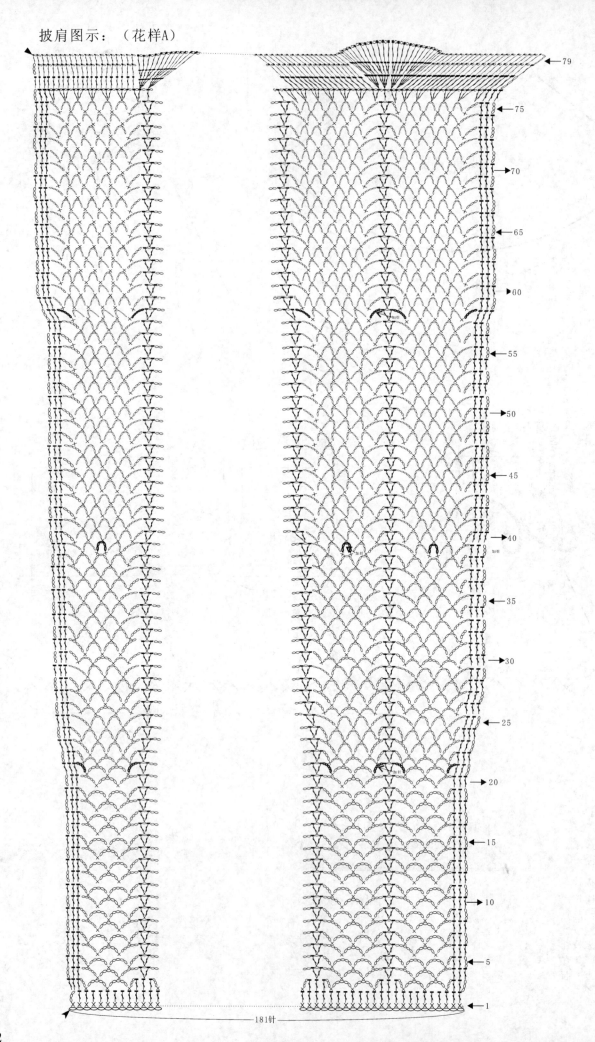

181针

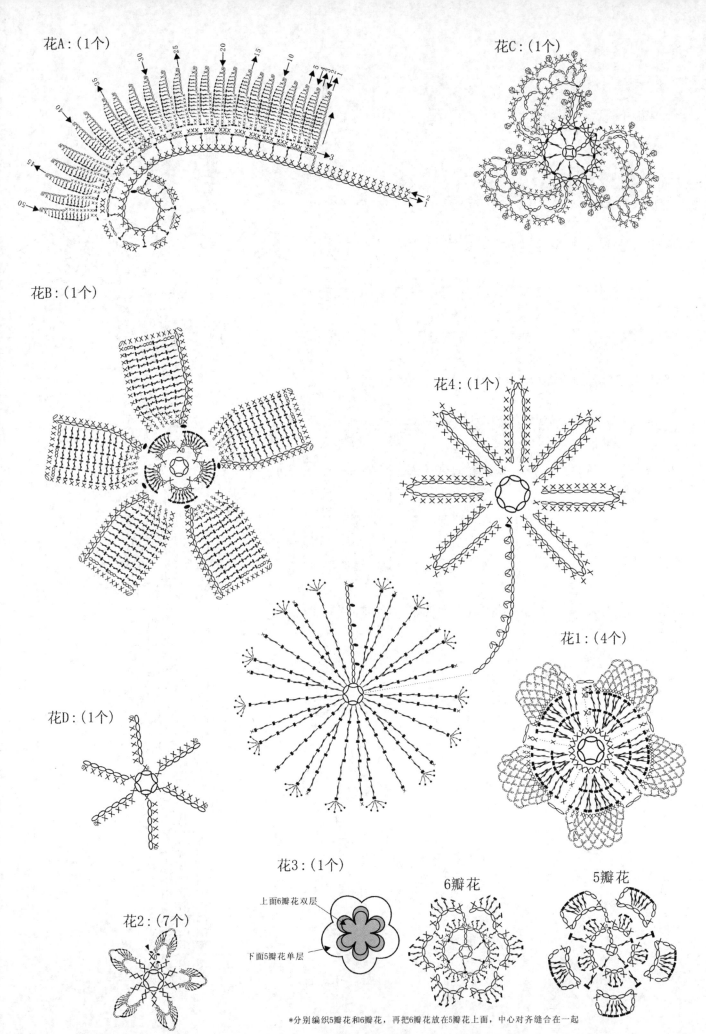

花A:(1个)

花C:(1个)

花B:(1个)

花4:(1个)

花D:(1个)

花1:(4个)

花3:(1个)

花2:(7个)

上面6瓣花双层

下面5瓣花单层

6瓣花

5瓣花

*分别编织5瓣花和6瓣花，再把6瓣花放在5瓣花上面，中心对齐缝合在一起

153

上身花样图示:(花样B)　　　　　　　　　　　　裙摆图示:(花样C)

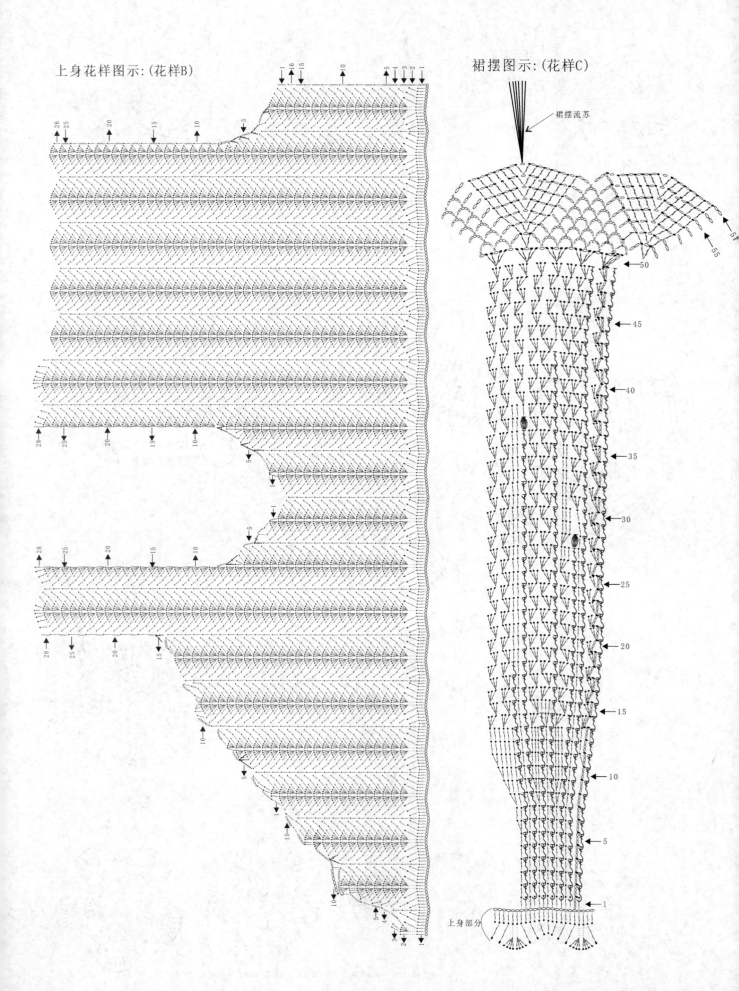

裙摆流苏

上身部分

立体花朦胧短袖两件套裙

【成品规格】以实物为准
【编织工具】1.9mm和2.5mm钩针，玉坠2粒
【编织材料】创新羊毛细线紫色650g，上衣450g，裙子200g
【编织要点】
　　1. 整件作品为短袖上衣和短裙两件套。
　　2. 上衣的织法：用六股线2.5mm钩针钩10朵立体单元花连成大圆圈，用2股线1.9mm钩针钩40锁针、1短针、10锁针、1中长针、10锁针、1短针，重复9次共630针，把花朵底端补齐连成直线圆圈后开始钩花样A，共48组，不加减共钩13行后，留出袖子（每袖留10组花），腋下用30锁针连接前后片，两个腋下各钩3组花，加前后各28组，共34组花不加减钩23行；用3股线1.9mm钩针钩腰线，共24个小圆圈，钩完用渔网和上半身连接；用2股线1.9mm钩针从腰线小圆圈的另一边钩16锁针、1短针，共24组（408针），然后开始24行钩花样B，15针1花样，共24组（360针），最后钩1行缘编织A，共46个；用2股线1.9mm钩针钩袖子，每个袖子14组花样A，共钩16行，最后1行缘编织A，共14个；用2股线，1.9mm钩针钩颈部，第一行用30锁针、1短针，共10组连接立体花，按照图示钩7行花样C，最后用6股线2.5mm钩针钩两根22cm左右锁针绳当领口系绳。
　　3. 裙子的织法：用2股线1.9mm钩针，起252针，钩花样D；用3股线1.9mm钩针钩150cm左右锁针绳子，穿入裙腰，绳子两头穿上玉坠。

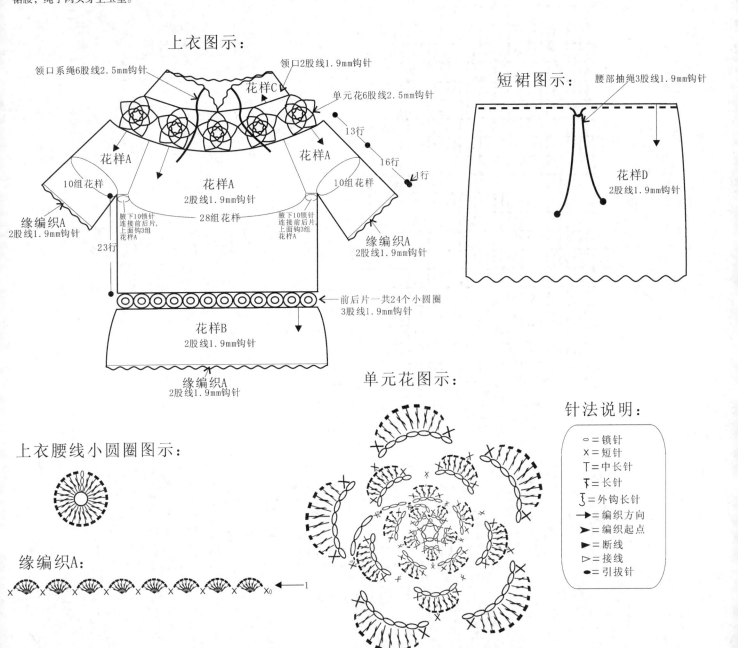

上衣图示：

领口系绳6股线2.5mm钩针
领口2股线1.9mm钩针
花样C
单元花6股线2.5mm钩针

花样A
花样A
10组花样
13行
16行
1行

花样A
2股线1.9mm钩针
28组花样
10组花样

缘编织A
2股线1.9mm钩针

腋下10锁针连接前后片，上面钩3组花样A
腋下10锁针连接前后片，上面钩3组花样A

缘编织A
2股线1.9mm钩针

23行

前后片一共24个小圆圈
3股线1.9mm钩针

花样B
2股线1.9mm钩针

缘编织A
2股线1.9mm钩针

短裙图示：

腰部抽绳3股线1.9mm钩针

花样D
2股线1.9mm钩针

单元花图示：

上衣腰线小圆圈图示：

缘编织A：

1

针法说明：

○ =锁针
× =短针
T =中长针
F =长针
₹ =外钩长针
➤ =编织方向
➤ =编织起点
▶ =断线
▷ =接线
● =引拔针

花样A：

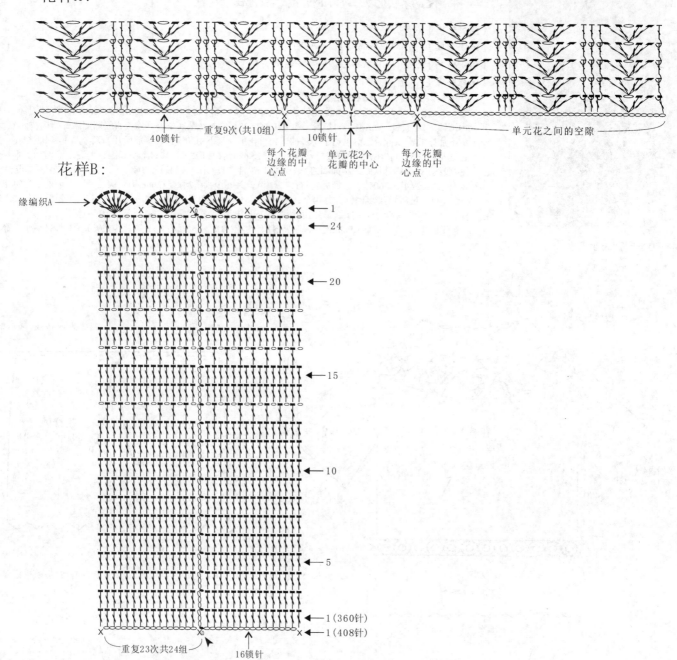

40锁针　重复9次(共10组)　10锁针

每个花瓣边缘的中心点　单元花2个花瓣的中心　每个花瓣边缘的中心点　单元花之间的空隙

花样B：

缘编织A →

← 1
← 24
← 20
← 15
← 10
← 5
← 1(360针)
← 1(408针)

重复23次共24组　16锁针

花样C：

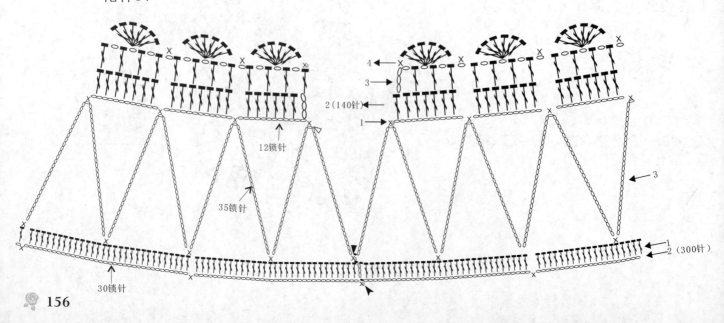

4 →
3 →
2(140针)←
1 →

12锁针

35锁针

30锁针

3 →

1 ←
2(300针)←

花样D：

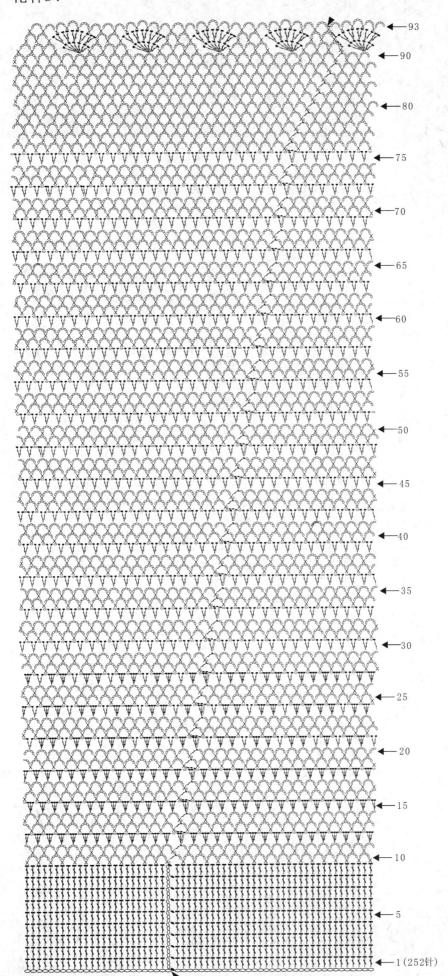

→ 93
← 90
← 80
← 75
← 70
← 65
← 60
← 55
← 50
← 45
← 40
← 35
← 30
← 25
← 20
← 15
← 10
← 5
← 1 (252针)

黑精灵·连衣裙

【成品规格】衣长88cm，胸围88cm，袖长53cm，背肩宽38cm
【编织密度】花样编织A：10cm²=10个（30针）×14行，花样编织B直径：6cm，花样编织C直径：7cm，花样编织D直径：8cm，花样编织E直径：8cm，花样编织F直径：9cm，花样编织G直径：9cm
【编织工具】2.0mm钩针
【编织材料】黑色棉线600g，红色棉线30g
【编织要点】

    1. 此款针织长裙前后身片为圈状编织，依照结构图所示，依照相关花样编织图圈状拼接；编织完成下摆，在腰节上圈状挑针钩织80个花样编织A，并依照结构图加减针所示进行编织，编织完整后拼接前后肩线，在衣身片内部安装衣里，依照花样编织G编织22个花样，并固定在衣里下摆上。

    2. 在衣身片袖窿处挑针钩织6个花样编织A，依照结构图加减针方法圈状编织袖片，编织完整后在袖口处挑针钩织5个花样编织C，并制作系带，安装在左右袖口处。

    3. 在领口处挑针钩织8个花样编织C及制作系带，安装在领口上。

    4. 最后，编织一条2cm×100cm的系带。

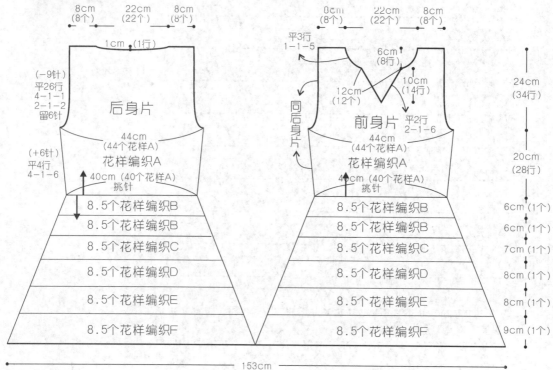

腰带

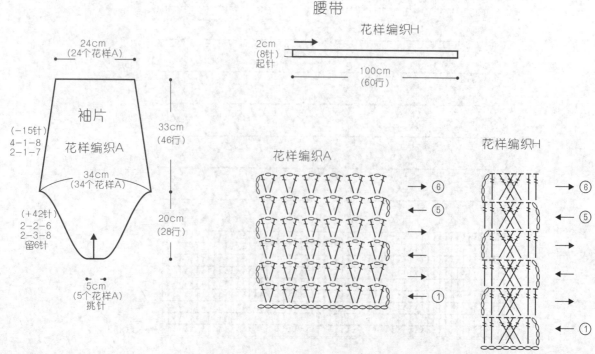

衣身片拼接示意图　　　　袖口系带编织

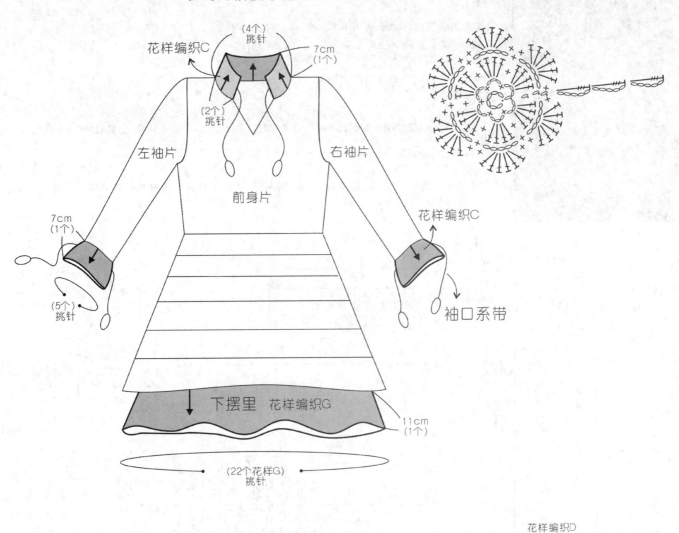

花样编织C
(4个)挑针
7cm (1个)
(2个)挑针
左袖片　右袖片
前身片
7cm (1个)
(5个)挑针
花样编织C
袖口系带
下摆里　花样编织G
11cm (1个)
(22个花样G)挑针

花样编织B

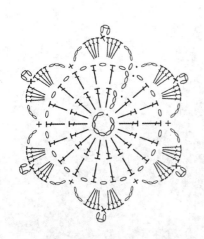

花样编织C

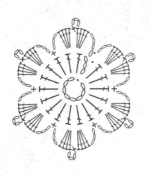

花样编织D

花样编织E

花样编织F

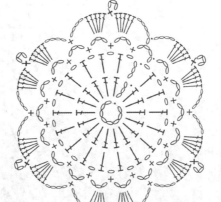

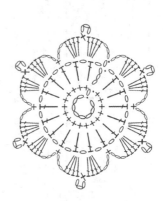

*下接118页

红结

【成品规格】围巾长205cm，围巾宽26cm，帽口52cm，帽深25cm

【编织密度】花样编织、配色编织：$10cm^2$=23针×34行

【编织工具】8号棒针

【编织材料】白色毛线 370g，红色毛线 80g

【编织要点】

围巾：

1. 从围巾一侧起59针，依照配色编织A编织86行，再往上编织578行花样编织，最后编织34行配色编织B收尾。

2. 在围巾两侧分别安装固定相应流苏。

帽子：

1. 圈状起120针，先编织14行下针，再依照结构图及配色编织C所示编织62行，最后编织12行单罗纹编织。

2. 把帽顶缝合，并固定一束流苏。

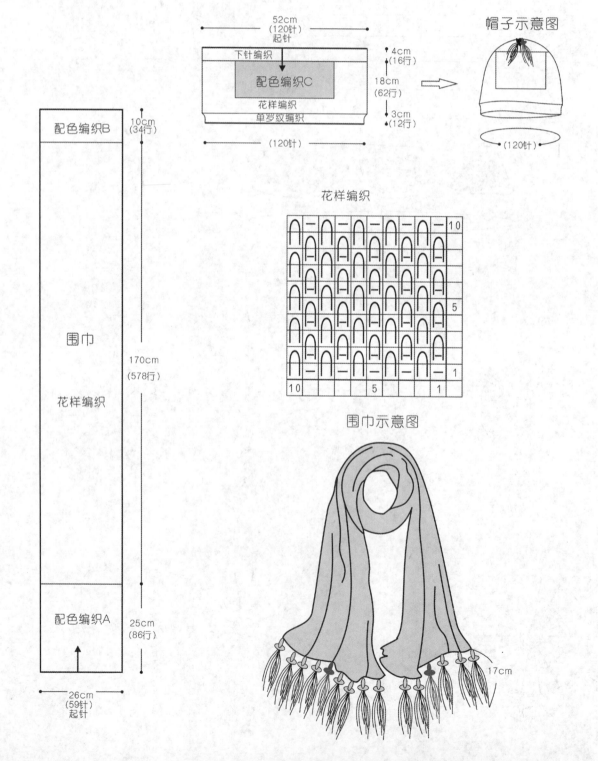

帽子

52cm
(120针)
起针

下针编织

配色编织C

花样编织

单罗纹编织

4cm
(16行)

18cm
(62行)

3cm
(12行)

(120针)

帽子示意图

(120针)

花样编织

围巾

配色编织B
10cm
(34行)

170cm
(578行)

花样编织

配色编织A
25cm
(86行)

26cm
(59针)
起针

围巾示意图

17cm

☆ =白色

● =红色

配色编织B

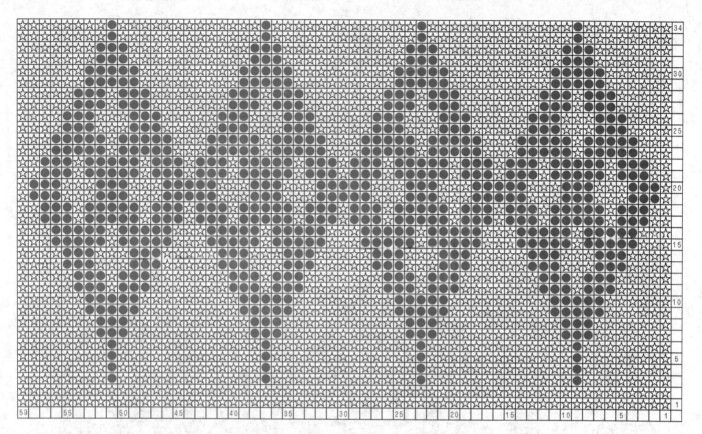

☒ =白色
● =红色

配色编织C

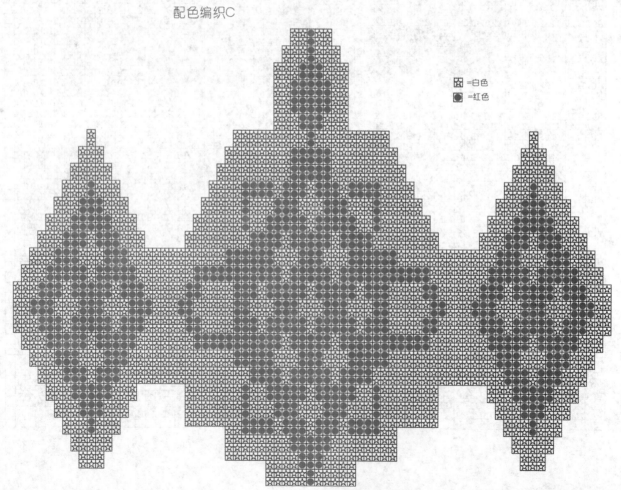

☒ =白色
● =红色

夙愿 · 正反双色渐变披肩

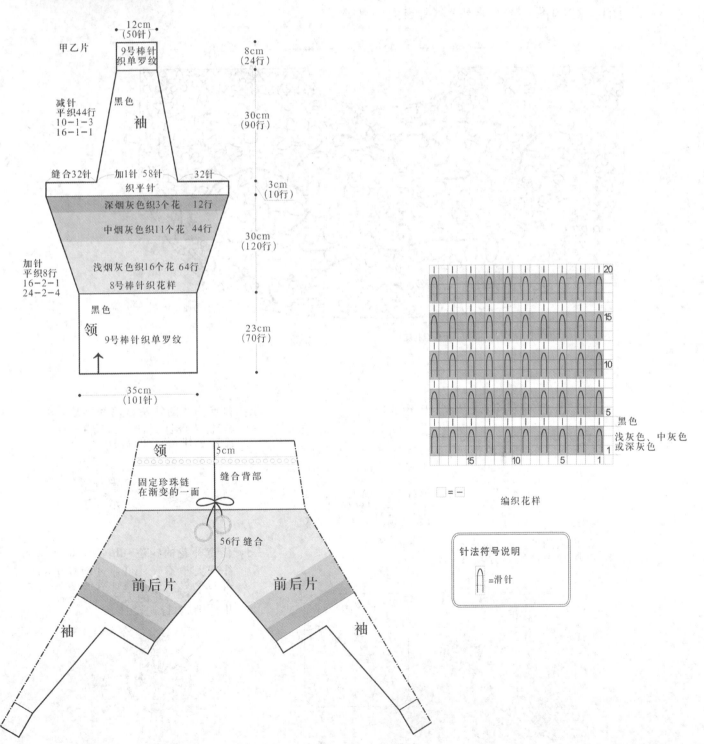

【成品规格】衣长63cm，胸围80cm，袖长15.5cm

【编织密度】单罗纹：10cm²=28针×30行，花样：10cm²=22针×40行

【编织工具】8号、9号棒针

【编织材料】创新极品山羊绒线黑色150g；浅烟灰色、中烟灰色和深灰色各50g；各同色配线少许；珍珠钻链一条，狐狸毛毛球一对

【编织要点】

两织2块相同的片，缝合而成。

1. 甲乙片：用9号棒针起10针织单罗纹23cm，换8号棒针织花样；花样共织120行，分别用浅烟灰色，中烟灰色，深烟灰色过渡织成，并在两侧加针，花样完成后用黑色织平针10行，中心加1针58针织袖，两侧各32针对折缝合。

2. 袖：中心58针圈织袖，织上针，两侧减掉8针，织30cm后换9号棒针织单罗纹8cm平收；同法织另一片。

3. 缝合：所有的缝合均采用无缝缝合法，这样可以两面穿戴出不同的效果；将两块织物平铺，缝合一侧相连的位置，珍珠链缝合在过渡色的一面；另将狐狸毛球固定在领端，完成。

甲乙片

12cm（50针）

9号棒针织单罗纹

8cm（24行）

减针
平织44行
10-1-3
16-1-1

黑色

袖

30cm（90行）

缝合32针　加1针 58针织平针　32针

3cm（10行）

深烟灰色织3个花　12行

中烟灰色织11个花　44行

30cm（120行）

浅烟灰色织16个花　64行

8号棒针织花样

加针
平织8行
16-2-1
24-2-4

黑色

领

9号棒针织单罗纹

23cm（70行）

35cm（101针）

领　5cm

固定珍珠链在渐变的一面

缝合背部

56行 缝合

前后片　前后片

袖　袖

20

15

10

黑色

浅灰色、中灰色或深灰色

15　10　5　1

□ = —

编织花样

针法符号说明

〔 =滑针

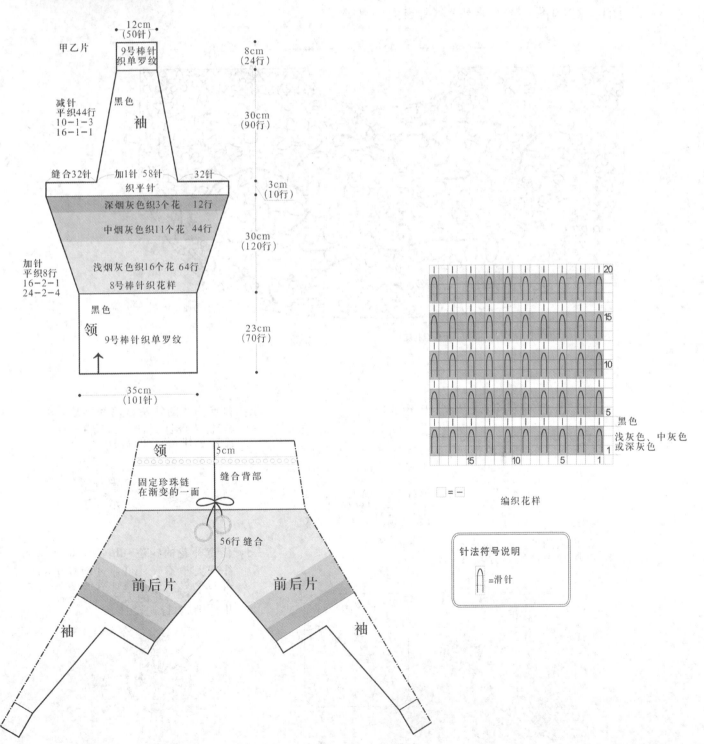

春暖花开披肩

【成品规格】长155cm，宽55cm

【编织工具】花朵叶子1.35mm钩针，虾辫双线2.0mm钩针，连接线0.75mm钩针

【编织材料】创新春夏天丝绒丝光棉线05淡粉夹花500g，015粉色375g，001白色375g，连接用线：线白色丝光棉线粉色丝光棉线少许，用量625左右，3种颜色都有剩余，辅料为长160cm，宽60cm布一块（裁纸样），仿珍珠300颗，定位针500颗

【编织要点】

1. 参照图1，裁剪所需披肩大小的纸样。
2. 参照图2，各个花的钩法，钩结构图中所标记的1~9的数字所需的各个部分。先钩1、4、5后将1、4和5的各个花用定位针固定在纸样上，然后继续钩2、3、6、7、8、9，数量填充到结构图的效果。
3. 参照图3盘扣的钩法，将钩好的盘扣缝合在披肩门襟的位置。

图1：结构图　空白之处为网针连接

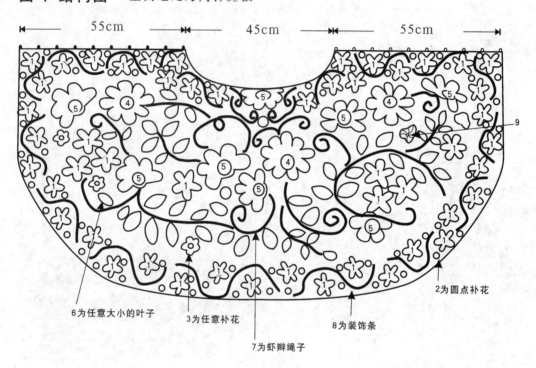

55cm　　45cm　　55cm

9

2为圆点补花

6为任意大小的叶子

3为任意补花

8为装饰条

7为虾辫绳子

图2：各个花的钩法（结构图中的1~9）

1：50个

花芯的钩法

花芯为浮芯，
第1行钩8针锁针，
第2行钩15针短针，
第3行每钩1针短针，
钩3针锁针，重复15次。

在花芯的第2行背面挑针，钩5个网格，
参照如下图解，分5个花瓣。

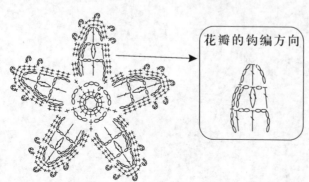

花瓣的钩编方向

2：圆点补花的钩法（填补空缺）

第2行为18针短针，第3行18针
长针包住第2行的短针。

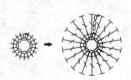

3：任意补花的钩法（填补空缺）

补花大小不一，可通过增减花瓣的个数，和花瓣针数的多少来改变整个花的大小。每个补花外围钩1行逆短针。

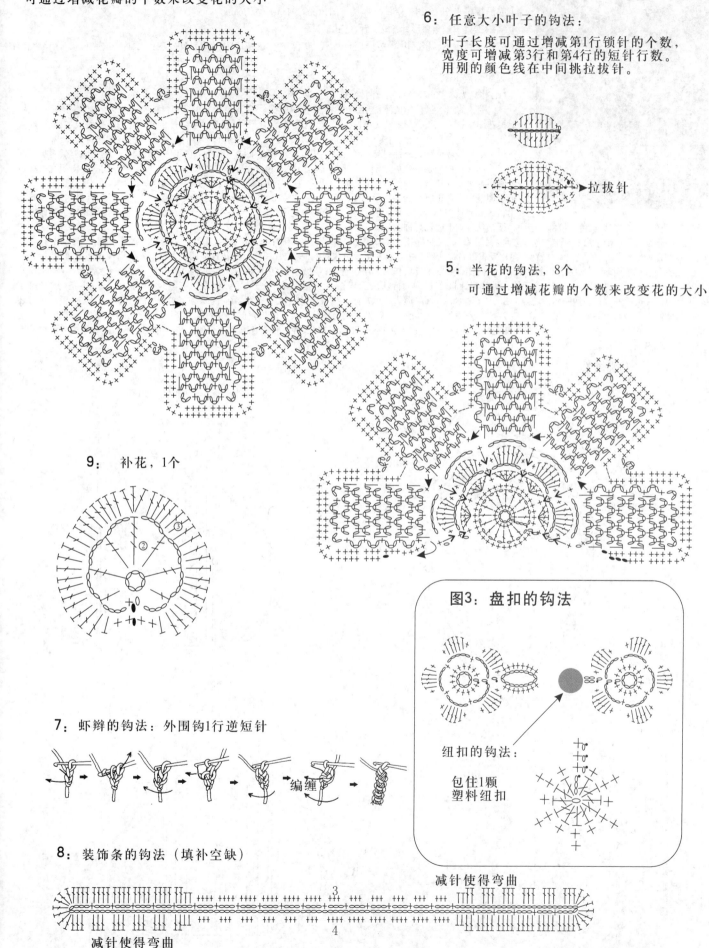

4：全花的钩法，3个
可通过增减花瓣的个数来改变花的大小

6：任意大小叶子的钩法：
叶子长度可通过增减第1行锁针的个数，
宽度可增减第3行和第4行的短针行数。
用别的颜色线在中间挑拉拔针。

→拉拔针

5：半花的钩法，8个
可通过增减花瓣的个数来改变花的大小

9：补花，1个

图3：盘扣的钩法

纽扣的钩法：
包住1颗
塑料纽扣

7：虾辫的钩法：外围钩1行逆短针

编缠

8：装饰条的钩法（填补空缺）

减针使得弯曲

减针使得弯曲

追日·个性时尚项链式围脖帽子组合

【成品规格】帽子头围53.5cm，围脖一圈长度约94cm，宽约6cm
【编织工具】12号环形针，缝衣针，帽檐
【编织材料】创新极品山羊绒线红色125g，灰色50g，烟灰色50g，黑色50g，银丝少许，亮钻17颗，船锚配饰一个

【编织要点】

1. 作品为帽子和项链式围脖两件套。
2. 围脖的织法：首先按照图示织好6片黑色长方形，5片灰色长方形和1片红色长方形，并分别按照图示绣上提花图案：黑色长方形织法（6片）：用黑色毛线12号环形针起45针织45行平针，并用灰色毛线加1股银丝参照图示在相应位置绣上提花图案，织好后对折反面缝合，再两端正面缝合成圈。灰色长方形织法（5片）：用灰色毛线12号环形针起35针织35行平针，并用红色和黑色毛线参照图示在相应位置绣上图案，织好后对折反面缝合，两端正面分别缝合后用烟灰色毛线挑起15针织30行花样D作为灰色圈与黑色圈的连接部分，织完后穿过黑色圈再与另一端正面并收。红色长方形织法（1片）：用红色毛线12号环形针起46针织144行花样A，织好后对折反面缝合后，正面两端各挑起42针，织8行花样C，然后下一行均匀减至30针，一分为二各15针，15针留着备用，另外15针织34行花样D，穿过制作完成的黑色毛线圈，与备用的15针正面并收。最后按照花朵的制作方法编织5朵蓝色小花缝在烟灰色连接部分上面，适当位置别上船锚配饰。
3. 帽子的织法：帽子由4部分组成，包括左片、右片、2片提花片（双层）、帽顶片和帽檐；帽顶片织法：用红色毛线12号环形针起62针织162行花样E；左右2片的织法：左片和右片，减针方向相反，以右片为例，按照右片图示织花样B；提花片织法：提花片为两片双层，外层沿帽顶边缘挑112针织花样C，绣提花图案，里层从帽顶边缘挑112针，织同样行数的平针作为内层包边用；再分别沿左片和右片的弧形边挑112针，织1行上针后与花样C反面合并；按照黑色麻花内衬图示，用黑色毛线12号环形针起13针织252行麻花，织完头尾反面缝合；按照图示沿帽边挑起154针织1行上针，织完在黑色麻花内衬侧边挑针正面并收；按照图示沿花样A和两边花样C的上部弧形边缘挑70针，织4行起伏针后平收；帽檐的织法：帽檐为内外2片，用红色毛线12号环形针起68针，平织4行后两边按照2-1-7，2-2-6，2-3-1，2-4-1各减26针，中间剩16针平织；外层帽檐织好后留出16针左右在外面与帽子前端缝合；沿帽檐凹围的边挑72针，织1行上针，与黑色麻花反面并收；沿帽檐外围挑106针，织1行上针后在黑色麻花内衬侧边挑针并收；把帽檐放入内外帽檐片中间，然后把内卫帽檐片缝合。

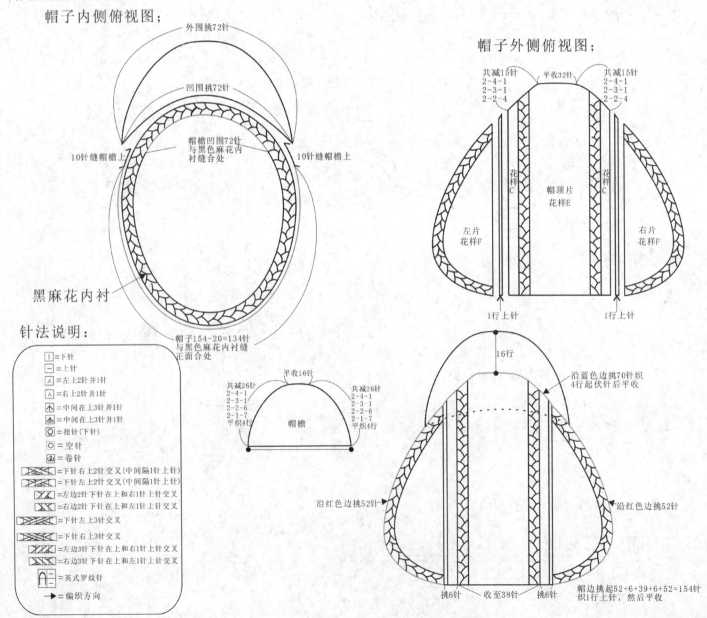

帽子内侧俯视图；

外围挑72针
凹围挑72针
10针缝帽檐上
帽檐凹围72针
与黑色麻花内
衬缝合处
10针缝帽檐上

黑麻花内衬

帽子154-20=134针
与黑色麻花内衬缝
正面合处

针法说明：

	下针
−	上针
左上2针并1针
右上2针并1针
中间在上3针并1针
中间在上3针并1针
Q	扭针（下针）
O	空针
	卷针
	下针右上2针交叉（中间隔1针上针）
	下针左上2针交叉（中间隔1针上针）
	左边2针下针在上和右1针上针交叉
	右边2针下针在上和左1针上针交叉
	下针左上3针交叉
	下针右上3针交叉
	左边3针下针在上和右1针上针交叉
	右边3针下针在上和左1针上针交叉
	英式罗纹针
→	编织方向

帽子外侧俯视图；

共减15针
2-4-1
2-3-1
2-2-4

平收32针

共减15针
2-4-1
2-3-1
2-2-4

花样C
花样C
帽顶片
花样E

左片
花样F

右片
花样F

1行上针
1行上针

16行

沿蓝色边挑70针织
4行起伏针后平收

沿红色边挑52针
沿红色边挑52针

帽边挑起52+6+39+6+52=154针
织1行上针，然后平收

挑6针
收至38针
挑6针

共减26针
2-4-1
2-3-1
2-2-6
2-1-7
平织4行

平收16针

共减26针
2-4-1
2-3-1
2-2-6
2-1-7
平织4行

帽檐

围脖黑色长方形图示：

x=绣灰色毛线处 □=Ⅰ=下针

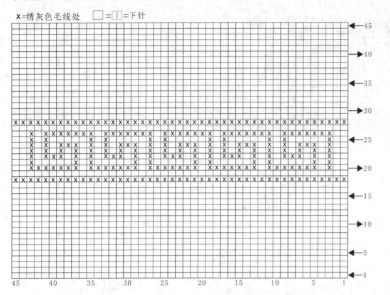

围脖灰色长方形图示：

x=绣黑色毛线处 ●=绣红色毛线处 □=Ⅰ=下针

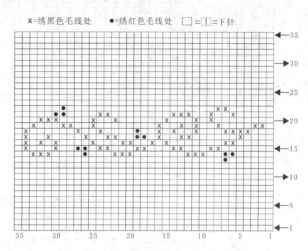

围脖红色长方形图示：（花样A）   □=─=上针

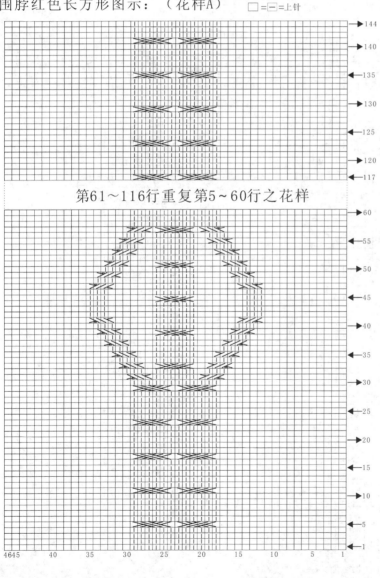

第61～116行重复第5～60行之花样

围脖花样D：   □=─=上针

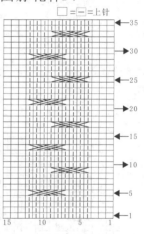

烟灰色连接图示：（花样D）   □=─=上针

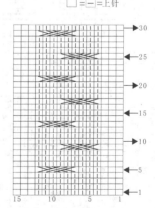

围脖花样C图示：

x=绣灰色毛线处 ○=绣黑色毛线处 □=Ⅰ=下针

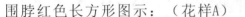

花朵制作方法：
用蓝色毛线12号环形针起45针，圈织14
行下针，然后分成5份，每分9针，第9
针做延伸针处理，拉掉12行，剩2行；
第15行其余8针平织，剩2行的第9针穿
过12行织下针；第16行每份8针，4针并
1针，并2次，也就是每份9针，最后每
份剩余3针，5份全部15针一线抽，花朵
中心钉上扣子，花朵用红色毛线镶边。

帽顶片：花样E　　□=1=下针

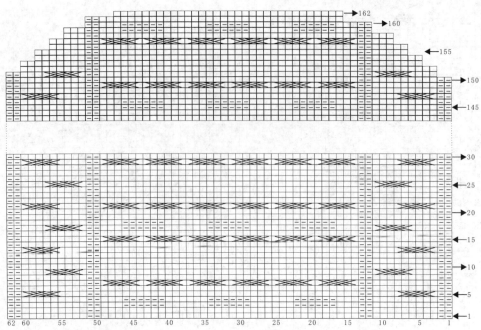

162
160
←155
150
←145

30
←25
20
←15
10
←5
1

62 60　55　50　45　40　35　30　25　20　15　10　5　1

帽子右片：花样F
□=□=上针

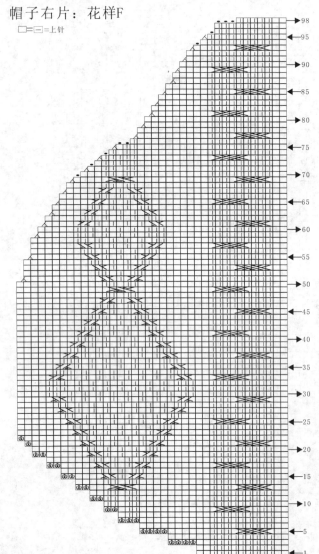

98
95
90
85
80
75
70
65
60
55
50
45
40
35
30
25
20
15
10
5
1

13　10　5　1

帽子黑色内衬图示：花样D
□=□=上针

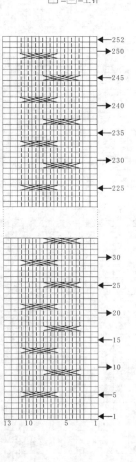

←252
250
←245
240
←235
230
←225

30
←25
20
←15
10
←5
1

13　10　5　1

帽子花样C图示：
x=绣灰色毛线处　○=绣黑色毛线处　□=1=下针

8
5
1

114　110　105　100

30　25　20　15　10　5　1

168

洛伊·拉风围脖帽子套装

【成品规格】 帽高22.5cm，帽围46cm；围脖：领高20.5cm，正身高22cm，胸围94cm，流苏长25cm

【编织密度】 10cm²=25针×30行

【编织工具】 9号、10号棒针，2.3mm钩针

【编织材料】 创新极品山羊绒线238、031号色445g，塑料环6个

【编织要点】

1. 帽：起55针织花样A42行后换9号棒针织花样B112行，圈织缝合；沿顶部挑针织帽顶，分散减针织19行抽顶；将花样A处中心用线抽紧形成皱褶，分别在顶部及皱褶处钉纽扣3枚；沿帽边缘钩一行花样，完成。

2. 围脖：用9号棒针起55针织起伏针20行，换9号棒针织花样A280行，最后织起伏针20行并开3个扣洞，平收。

3. 领：将围脖合拢，起伏针为开口重叠；沿上端挑针织领，挑22针织花样A，分别用9号针和10号针织成。

4. 流苏：钩47条55cm长的辫子，沿底端固定；另用塑料环挑纽扣6枚，缝合，完成。

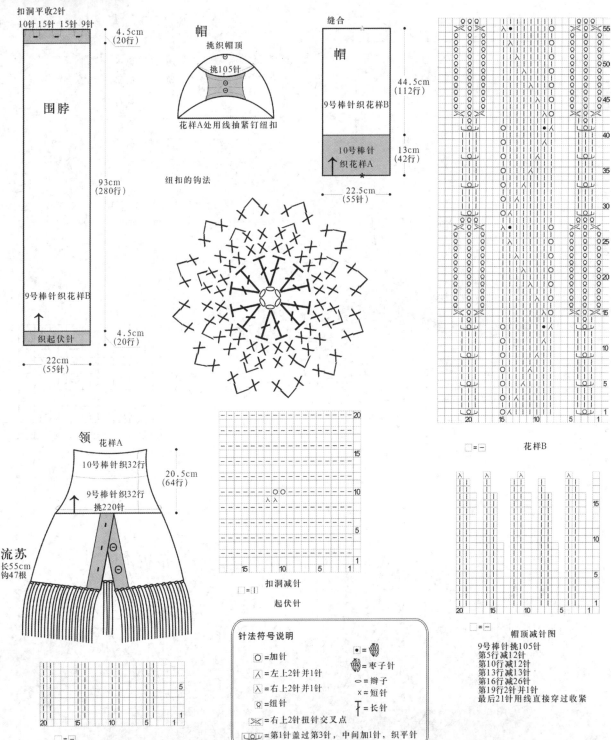

针法符号说明

- ○ =加针
- 人 =左上2针并1针
- 入 =右上2针并1针
- Q =纽针
- ✕ =右上2针扭针交叉点
- =第1针盖过第3针，中间加1针，织平针
- ● =
- =枣子针
- =辫子
- × =短针
- =长针

帽顶减针图

9号棒针挑105针
第5行减12针
第10行减12针
第13行减13针
第16行减26针
第19行2针并1针
最后21针用线直接穿过收紧

169

樱花·轻舞飞扬百搭披肩

【成品规格】衣长33cm
【编织密度】花样编织A、B：10cm²=30针×40行
【编织工具】10号棒针，2.3mm钩针
【编织材料】创新羔羊绒线浅粉色毛线300g，小米珍珠90颗，小号淡水珍珠72颗
【编织要点】

1. 主衣片从袖口一侧起100针，编织280行花样编织A，收针。
2. 固定袖口相同标记处，并在两边缘处各挑针编织220针花样编织B6行。
3. 沿着花样编织B边缘处进行挑针，分别钩织10行花样编织C及钩织18个花样编织D6行。
4. 沿着袖口沟边，分别前后钩针6行花样编织C及4行花样编织D（7个）。
5. 钉珠。每朵扇形花上钉1颗小号淡水珍珠、5颗小米珍珠，每两朵花之间钉1颗小号淡水珍珠。

花样编织C

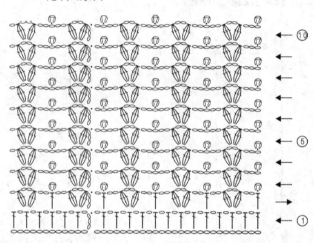

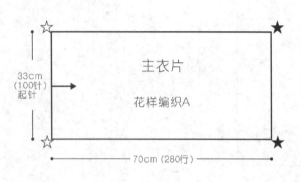

衣边、袖口示意图

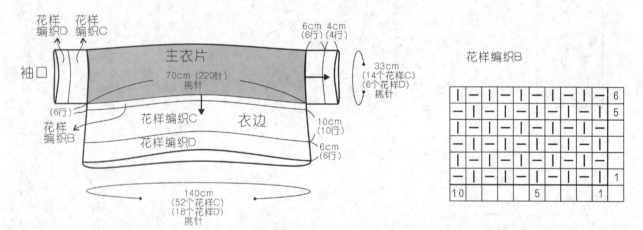

花样编织B

花样编织D

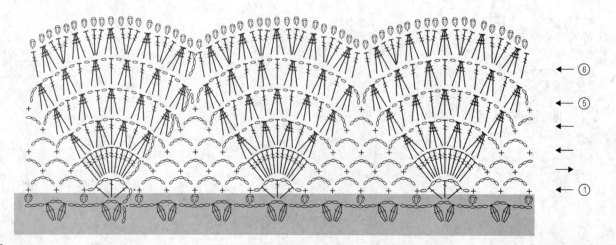

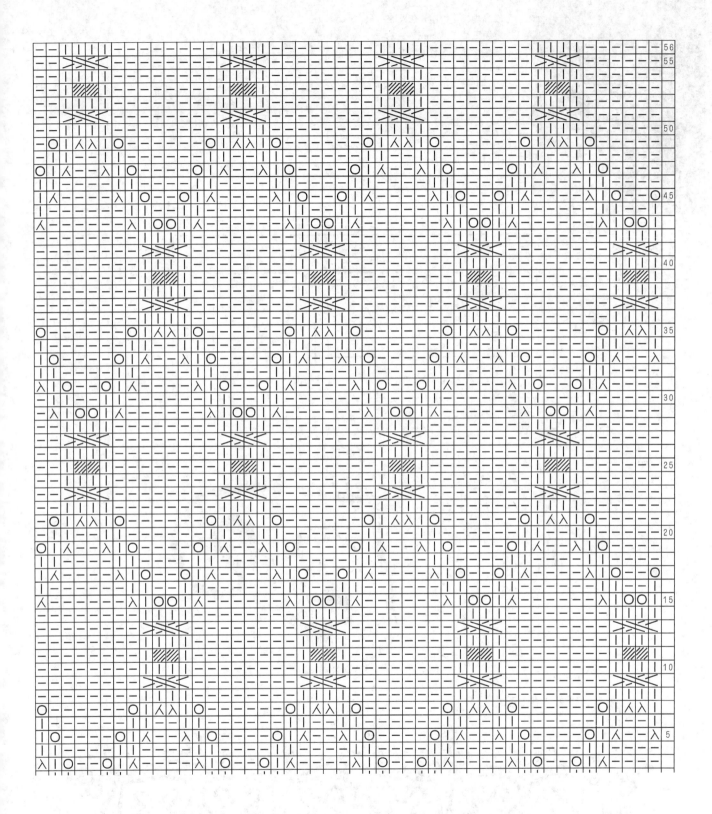

比利时之夜

【成品规格】围巾长178cm，围巾宽82cm

【编织工具】2.3mm钩针

【编织材料】黑色毛线260g

【编织要点】

依照花样图及结构示意图所示排列编织完整围巾。

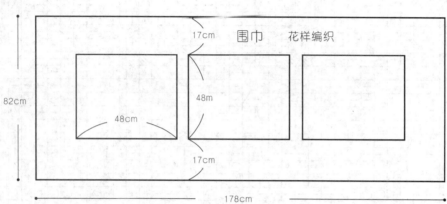

花样拼接示意图

花样编织

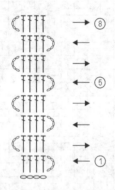

围巾整体花样示意图

布拉格之春

【成品规格】长132cm，宽46cm

【编织密度】一组花样长14cm，宽12cm

【编织工具】10号棒针，日本H牌2.5mm蕾丝钩针

【编织材料】26支山羊绒线120g

【编织要点】

1. 披肩用2股山羊绒线编织。

2. 10号棒针起79针，头尾各留2针下针，剩下75针织333行花样A，一组花样25针，34行。

3. 织好披肩主体后在两边用钩针钩织花样B，一边26组花样。

花样A

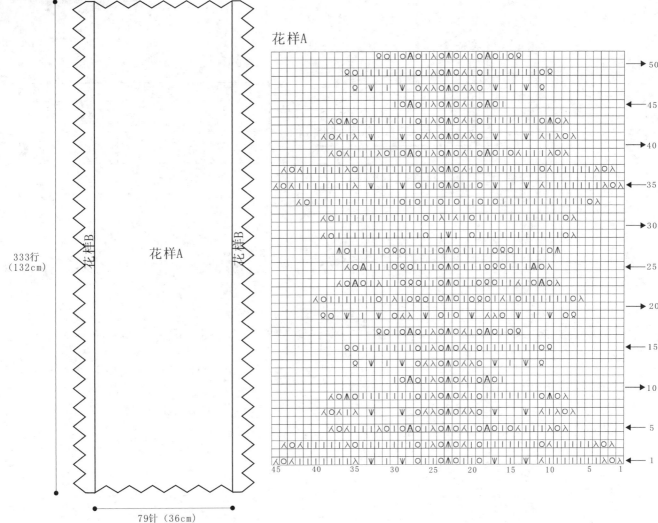

333行
(132cm)

花样B   花样A   花样B

79针（36cm）

针法说明：

Ι =下针	λ =右上3针并1针	
□ =无针	Q =下扭针	
− =上针	◦ =锁针	
人 =左上2针并1针	× =短针	
人 =右上2针并1针	Ŧ =长针	
Ο =空针	⊽ =滑针	
Λ =4针并1针	⬗ =4长针的枣形针	
Λ =7针并1针	⬠ =狗牙拉针	
Λ =3针并1针	→ =编织方向	
V =1针放3针	▶ =编织起点	
人 =左上3针并1针		

花样B（红色部分为一组花样）

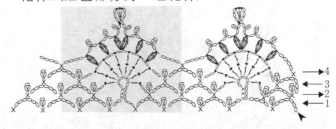

173

绿蝴蝶披肩

【成品规格】长161cm，宽57cm

【编织工具】4.0mm钩针

【编织材料】绿色毛线140g，黄色毛线50g

【编织要点】

1. 披肩分为2片三角形钩织，然后将2片连接起来成为一个大三角形。
2. 每片三角形织花样A，2片织好后用花样B连接起来。
3. 在花样B两侧钩织花样C。
4. 大三角形abc的外围一圈钩织花样D。

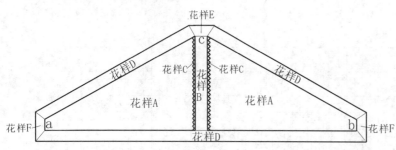

花样A配色

编织的行数 \\ 毛线的颜色	绿色	黄色
1，2，5，6，9，10，13~73行的13+3n行，n=1~20	●	
3，4，7，8，11，12，14~15，(14+n)~(15+n)，n=1~57		●

花样B

花样C

花样D

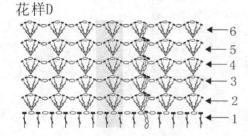

针法说明：

- ○ = 锁针
- ✕ = 短针
- ↑ = 长针
- ↟ = 长长针
- ⋀ = 2长针并1针
- ⋀ = 3长针并1针
- ► = 编织起点
- ► = 断线
- ▷ = 接线
- ● = 滑针
- → = 编织方向

花样E

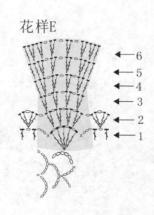

花样F

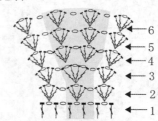

花样A

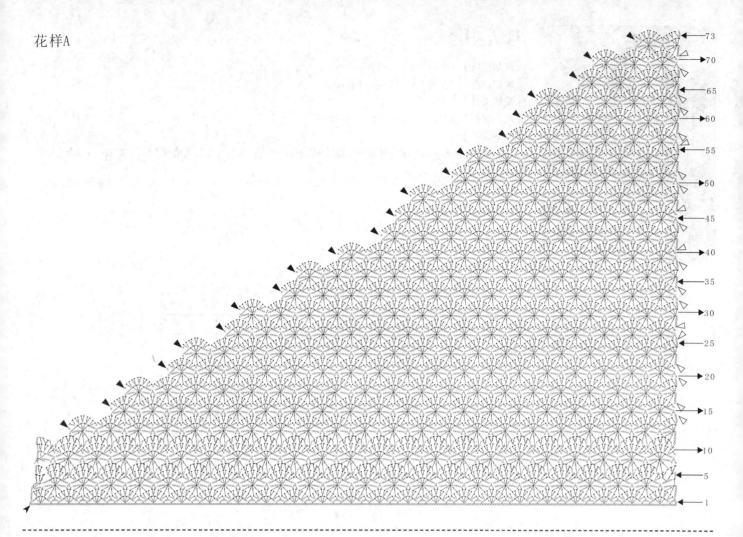

73
70
65
60
55
50
45
40
35
30
25
20
15
10
5
1

*上接176页　　花样编织B（围脖图解）

双层围披

【成品规格】围脖长130cm，围脖高22cm

【编织密度】花样编织A：$10cm^2$=14个×19行

【编织工具】1.5mm钩针

【编织材料】淡紫色毛线80g，黑色毛线80g

【编织要点】

　　1. 用淡紫色毛线从围巾一侧起31个花样A，编织205行，在另一侧依照结构图所示编织排列16个花样编织B。

　　2. 依照结构图所示，用黑色毛线在围脖正面一端挑64个花样C 36行，在另一侧依照正面编织方法编织完整围脖里。

　　3. 拼接正反另一端，并缝合两侧。

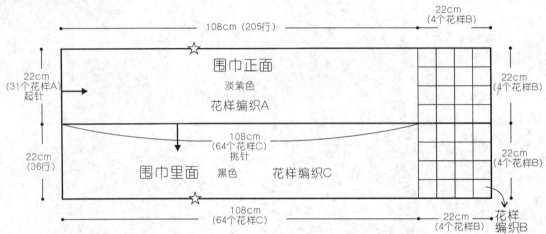

围巾示意图

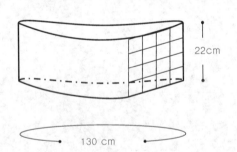

花样编织A

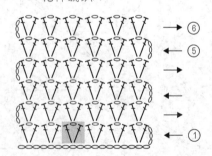

花样编织C

绚丽冬季

【成品规格】 帽高48cm，围脖长102cm，围脖宽22cm

【编织工具】 6号、7号棒针，10号棒针，1.75cm钩针

【编织材料】 紫色毛线51g+紫色马海毛线51g=102g，金色亮丝4g，紫色乐谱线100g

【编织要点】

1. 帽子的编织方法：用7号棒针起80针圈织，织8行花样A，换6号棒针并均匀加11针，开始织44行花样B帽顶收针，收针的过程：上针处最外边各收1针（共收14针），平织1行，下针处最外边各收1针，往内收（共收14针），上针收1针（共收7针），下针收2针，往内收先右上2针并1针，再左上2针并1针（共收14针），平织1行，下针收2针，往外收先右上2针并1针，再右上2针并1针（共收14针），上下针并收，两边各收1针（共收14针），最后留14针用缝衣针穿进并收，反面收线。

2. 围脖的织法：用10号棒针起54针，织384行（16行×24）花样C后平针法收边，用1.75cm钩针在一侧边挑288个短针（2孔挑3针），开始织花样D，18针一组花样，共16个花样C，织好后两端用缝衣针缝合形成围脖。

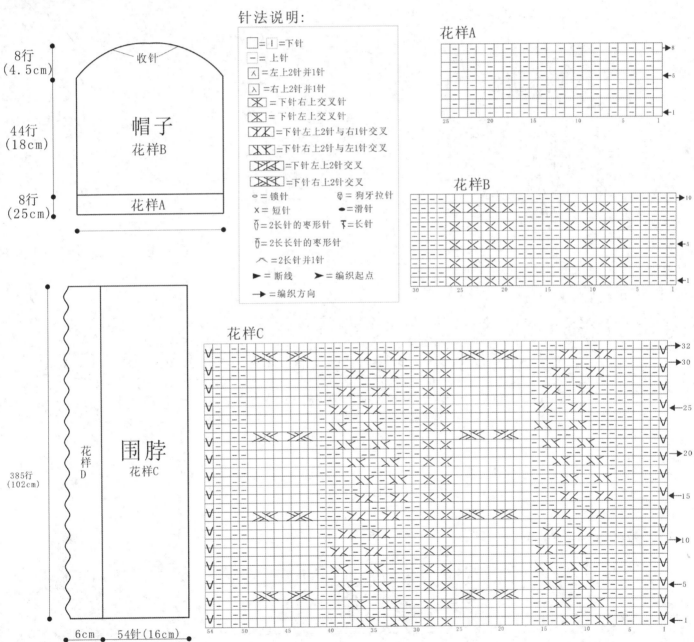

花儿朵朵

【成品规格】以实物为准

【编织工具】3.5mm钩针，缝衣针，纽扣花，胸针

【编织材料】玫红色毛线150g

【编织要点】

1. 围巾的编织方法：围巾由52个单元花拼接而成，首先按照单元花图解钩织46朵单元花，然后按照花朵排列位置用缝衣针依次连接起来，佩戴时别上胸花。

2. 发带的编织方法：渔网起针，钩5排5辫子渔网，最后一圈3辫子1短针结束，最后缝上纽扣花。

单元花图解

针法说明：

○ = 锁针

X = 短针

T = 长针

● = 滑针

► = 断线

►= 编织起点

→ = 编织方向

围巾花朵排列位置

发带的编织图解

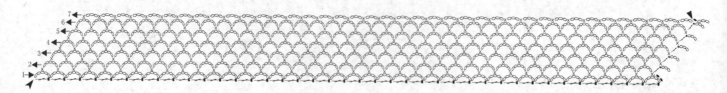

御风

【成品规格】衣长45cm，胸围144cm，边长174cm

【编织密度】10cm²=26针×30行

【编织工具】10号棒针，10号环形针，2.0mm钩针，缝衣针

【编织材料】创新牌马海毛线宝蓝色50g，深银灰150g

【编织要点】

1. 先编织6小片，在各小片之间各加10针后一起片织，最后钩织扭花。

2. 小片的织法：深灰色马海毛卷针法起10针，以中间2针为基线按照3-2-12在基线两边各加1针空针，加至34针。

3. 用卷针法在各小片之间加10针，共加50针，连接好后片织，接着在每小片之间留2针作为基线，在左右按照4-2-5的方法在各小片之间加10针，然后编织60行花样A，一组花样32针，共10.5组花样。

4. 接下来钩织扭花，用深银灰马海毛绕边钩20个短针，22个辫子，20个短针，如此循环，与各小片之间按图示钩成8字形状，再钩2圈花样B，最后一圈连接，接着绕全衣边用宝蓝色马海毛钩3行花样B，再用深银灰色马海毛钩3行花样B，披肩完成。

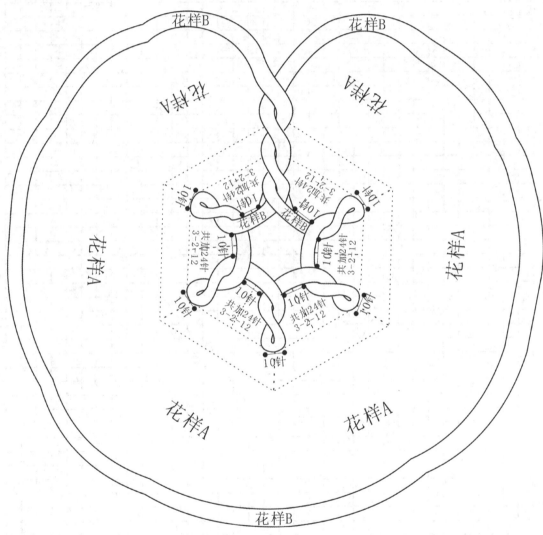

针法说明：

□ = | = 下针	
− = 上针	
人 = 左上2针并1针	
入 = 右上2针并1针	
O = 空针	
o = 锁针	
× = 短针	
→ = 编织方向	

花样B

179

花样A

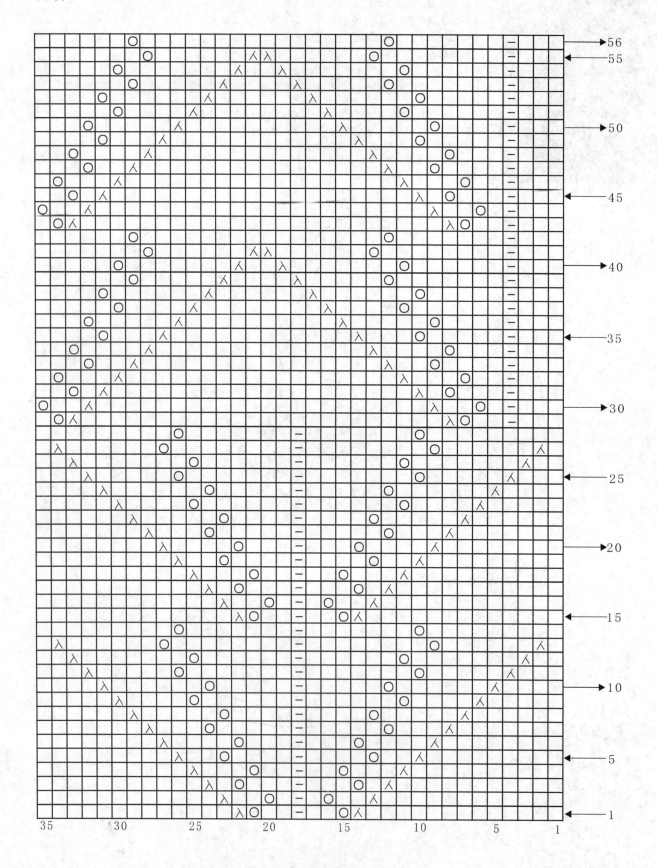

红红的日子披肩

【成品规格】衣长62cm，宽85cm（胸围和袖的宽度）
【编织工具】2.5mm钩针
【编织材料】火红色毛线350g，紫色毛线100g
【编织要点】

1. 先按照单元花图解钩60朵单元花A，20朵以短针连成一行，共连5行。第1行20朵单元花连成一个圈，第2行到第4行先10朵连接接在一起，注意每行花朵要用短针连接，然后把第5行与第1行连接起来。
2. 把连接好的单元花与单元花之间空缺钩织花样B。
3. 底部开口处每个单元花的边挑织17个短针，2个单元花之间用4辫子连接，如此循环。底边织花样C，12针1组花，共31组，两边开口作为袖洞织7组花样C。

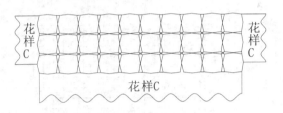

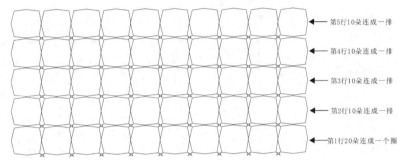

花朵连接顺序

← 第5行10朵连成一排
← 第4行10朵连成一排
← 第3行10朵连成一排
← 第2行10朵连成一排
← 第1行20朵连成一个圈

单元花A

针法说明：

○ = 锁针
× = 短针
下 = 长针
下 = 长长针
﹂ = 外钩长长针
﹁ = 内钩长长针
▶ = 断线
▷ = 接线
● = 滑针
➤ = 编织起点
→ = 编织方向

花样B

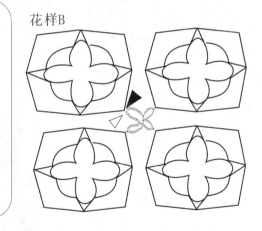

单元花配色

毛线的颜色 编织的行数	玫红色	紫色
1，2		●
3	●	

单元花之间以短针连接
（箭头为连接顺序）

← 第2行

← 第1行

花样C（灰色块为1组花）

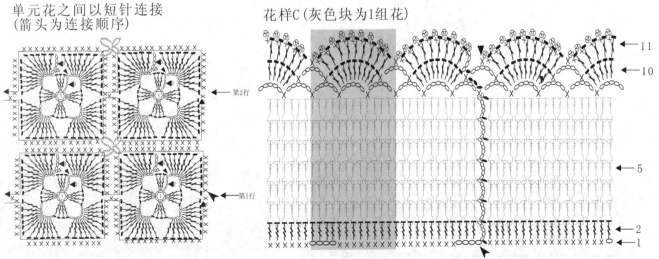

← 11
← 10
← 5
← 2
← 1

红色嘉年华

【成品规格】帽深24cm，围巾长180cm，围巾宽25cm

【编织密度】花样编织：$10cm^2$=24针×14行

【编织工具】15号棒针，2.3mm钩针

【编织材料】红色段染细毛线250g，五彩粗毛线90g

【编织要点】

　　帽子：从帽口起84针，编织24行双罗纹，再依照结构图进行减针编织，并在帽顶处依照结构图减针方法进行编织，最后留18针收尾。

　　围巾：1. 从围巾一侧起60针即15个花样，编织232行。

　　2. 在围巾周围分别挑针钩织相应数目缘编织A。

　　3. 在围巾两侧分别挑针钩织9个缘编织B。

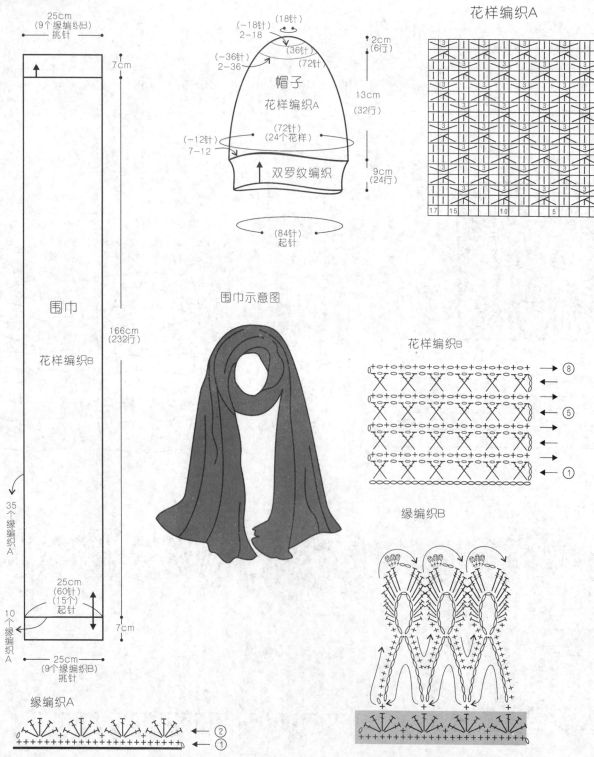

三色波纹

【成品规格】围巾长132cm，围巾宽20cm，帽口60cm

【编织密度】花样编织A：$10cm^2$=17.5针×20行

【编织工具】10号棒针

【编织材料】米色毛线120g，卡其色毛线 40g，褐色毛线40g

【编织要点】

　　围巾：从围巾一侧起35针，依照结构图配色编织花样264行。

　　帽子：1.依照花样编织B编织3个不同颜色的正六边形，并依照结构图所示进行拼接。

　　　　　2.在帽口处60针，分别依照相应颜色编织相应下针。

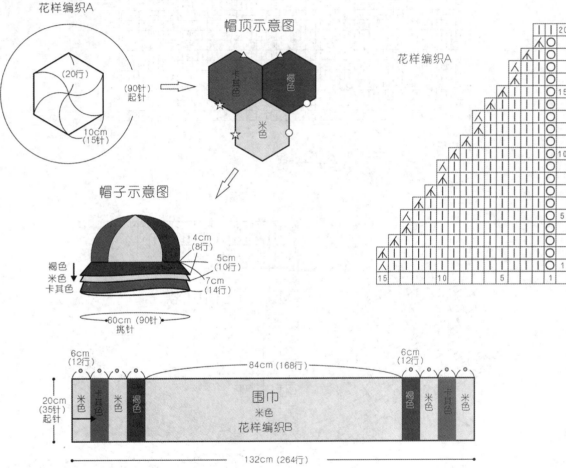

花样编织A

帽顶示意图

花样编织A

帽子示意图

围巾示意图

花样编织B

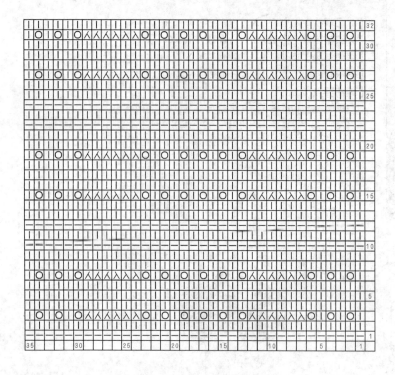

风车花示意图

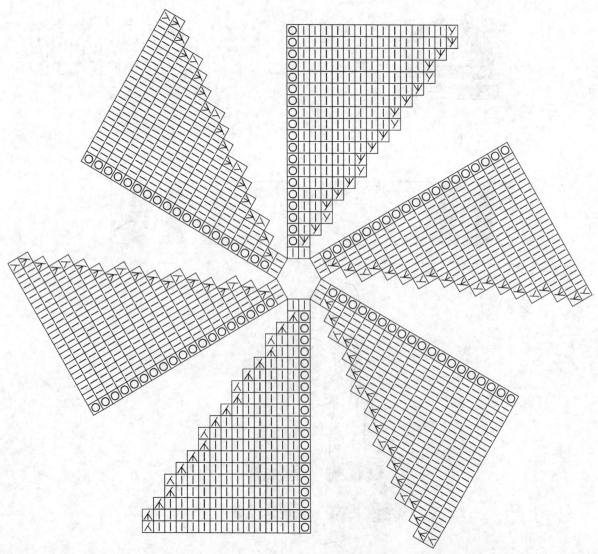

皇冠

【成品规格】围巾长130cm，围巾宽15cm，帽口48cm，帽深21cm

【编织密度】花样编织A：10cm²=24针×30行，花样编织B：10cm²=30针×40行

【编织工具】5号棒针，2.3mm钩针

【编织材料】粉色毛线230g，灰色毛线70g

【编织要点】

围巾：1. 围巾是从一侧起2针，依照结构图加针所示进行编织完整围巾。

2. 编织饰花B，固定在围巾相应位置处。

帽子：1. 帽片由8片单独片组成，相邻单独片颜色不同，依照花样编织B编织完整8单元片，并依照结构图所示进行拼接。

2. 编织一条长为48cm的长条，固定在帽口处。

3. 编织8个饰花A，依照结构示意图所示固定在相应位置处。

花样编织A　　　　　帽子结构图　　　　　帽子示意图

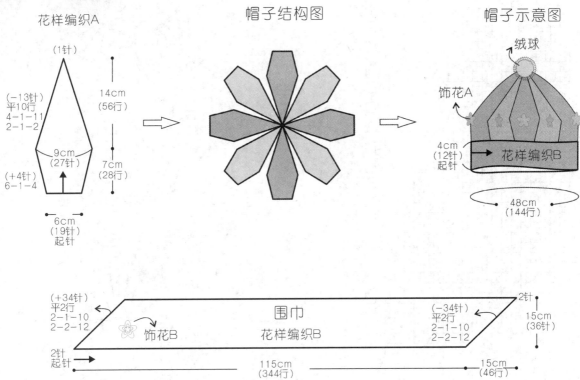

围巾示意图　　　　　　　　花样编织B

185

花样编织A

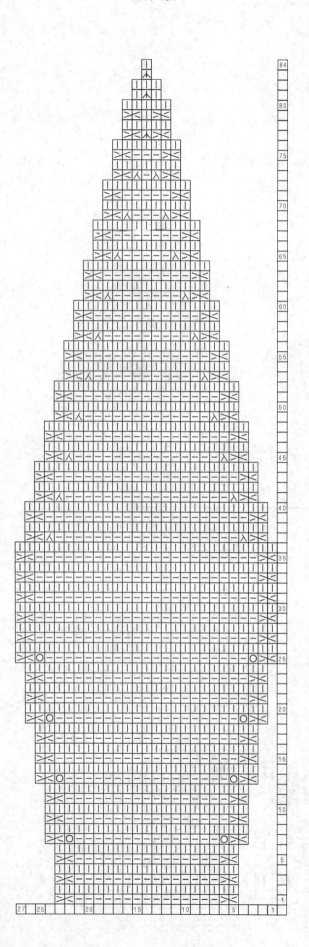

花样编织A

饰花A

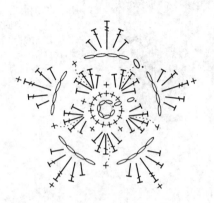

饰花B

粉色珠串披肩

【成品规格】长44cm，宽82cm
【编织密度】10cm² =19针×26行
【编织工具】10号棒针，2.0mm钩针
【编织材料】创新鄂尔多斯羊毛绒线粉色250号毛线144g，恒源祥翠绿中粗线50g，恒源祥翠绿细线50g，粉色φ=5mm有孔珠子150颗左右，φ=8mm有孔花朵珠子红色46颗，紫色56颗，1.3mm水晶纽扣2颗
【编织要点】
　　1.披肩分为衣身片、领片、底边3部分组成。
　　2.衣身的织法：粉色毛线起68针织花样A，两边按照2-1-21加针，加至110针，留出领边6针，剩下的针数分成左右片，每片52针，分针后，继续2-1-8加针，52针加至68针，开始按照2-1-8减领窝，接着左右各平织14行，后领窝起22针，左右片连起来织，平织16行，然后开始在两边按照2-1-21织至68针，最后平针法锁边。
　　3.领的织法：把留下的6针加至11针，织花样B，注意隔12行在中间留1个扣眼，共2个织到领窝处，按照2-1-8加8针，把领窝留出的8针补平，在平织的14行处加14针，再把后领窝的22针串起来，织10行，在肩和后领窝处均匀加10针，再织2～4行，领边留出5针，在领子左右拐角按照4-1-2各减4针，剩下的针数和领子原来的针数每行锁2针，在领子后边把两边的各5针并起来锁边。
　　4.底边用翠绿细线钩织花样C，注意织最后一行的过程中串入小珠子。
　　5.在领的门襟处缝上扣子，衣身花样A交叉针的地方缝上花朵珠子。

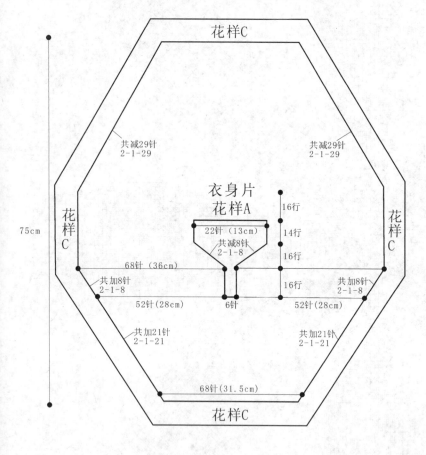

花样C

衣身片
花样A

共减29针
2-1-29

共减29针
2-1-29

花样C

花样C

75cm

22针（13cm）
共减8针
2-1-8

16行
14行
16行

68针（36cm）

共加8针
2-1-8

52针（28cm）

6针

16行

52针（28cm）

共加8针
2-1-8

共加21针
2-1-21

共加21针
2-1-21

68针（31.5cm）

花样C

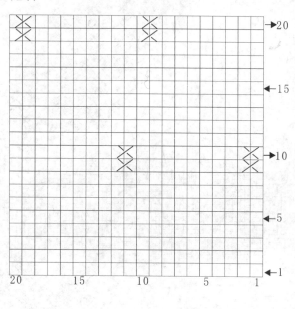

花样A

领

共减2针
4-1-2

共减2针
4-1-2

5针　5针

共减8针
2-1-8

共减8针
2-1-8

针法说明：

□=Ⅰ=下针
☒=下针左上交叉针
=元宝针
○=锁针
┬=长针
●=滑针
→=编织方向
●=穿粉色小珠子的地方

花样B

花样C

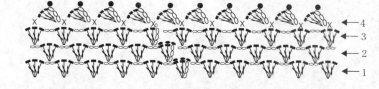

霞帔

【成品规格】围巾长130cm
【编织密度】花样编织A、C：10cm²=26针×40行
【编织工具】8号棒针，2.3mm钩针
【编织材料】玫红色毛线250g
【编织要点】

围巾：1. 围巾是从一侧起4针，依照结构图加减针方法所示进行编织花样A。
2. 在围巾斜边处分别挑针钩织相应花样编织B。
3. 花样B处固定相应流苏。
4. 在围巾上端挑针钩织3行缘编织，8针一个花样，一共52个。

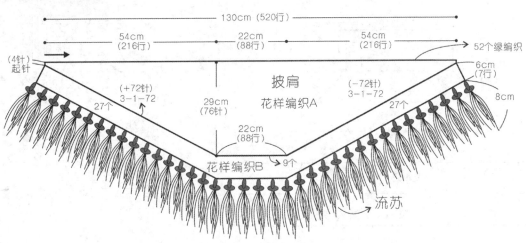

花样编织A

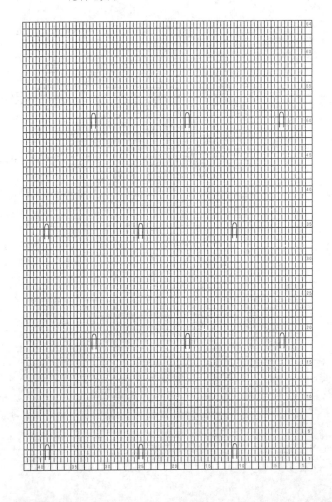

花样编织B

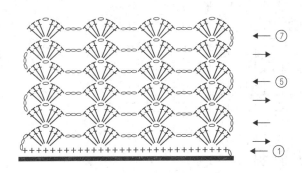

缘编织

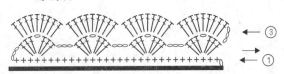

纯情似雪 · 套头披肩

【成品规格】披肩长47cm，披肩宽67cm
【编织密度】10cm² =20针×32行
【编织工具】11号环形针，10号、11号棒针
【编织材料】白色毛线200g，粉色φ=4mm珠子404颗
【编织要点】
　　1. 用11号环形针起330针，织18行花样A，每组花样22针，共15个花样。
　　2. 圈织两侧收针至240针，正好是10个花样B的针数，在织花样B的过程中参照图解中小圆点处穿入珠子。
　　3. 继续收针到192针，然后织29行花样C，共8个单元花，收针至80针。
　　4. 换10号棒针织18行花样D后，下一行换11号棒针，每个下针和上针各加1针，变成160针后织5行花样E后收边。
　　5. 在每个花样C上部的中间缝上3颗小珠子。

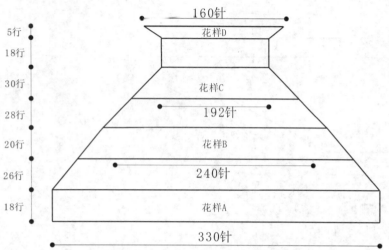

花样D

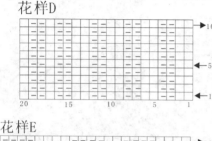

花样E

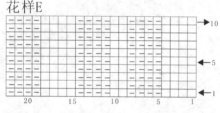

花样B

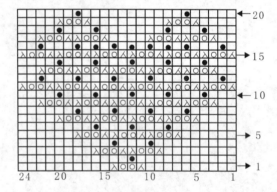

花样C

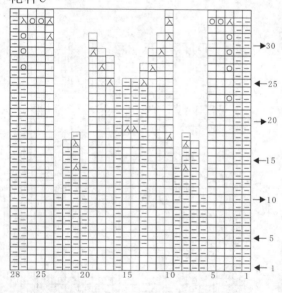

针法说明：

□ = | = 下针
− = 上针
⅄ = 左上2针并1针
⅄ = 右上2针并1针
⅄ = 左上2针并1针（上针）
⅄ = 右上2针并1针（上针）
○ = 空针
● = 穿小珠子的地方
→ = 编织方向

花样A

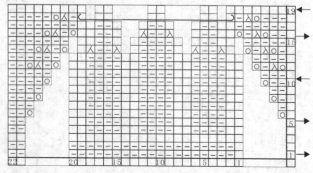

围巾帽子

【成品规格】围巾长170cm，围巾宽10cm，帽口52cm，帽深28cm

【编织密度】花样编织：$10cm^2$=26针×35行，上下针编织：$10cm^2$=26针×42行

【编织工具】5号棒针

【编织材料】浅灰色毛线160g，蓝色毛线40g

【编织要点】

围巾：1. 从围巾一端起442针，编织42行上下针。

2. 在围巾两端分别固定相应流苏。

帽子：1. 圈状起针编织136针，依照结构图及花样编织图进行编织。

2. 编织一条长为100cm的系带。

3. 用系带收紧帽顶处。

帽片

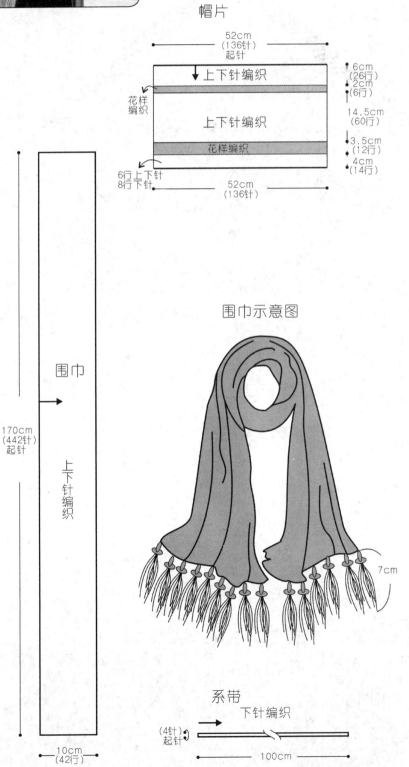

52cm
(136针)
起针

↓ 上下针编织

花样编织

上下针编织

花样编织

6cm(26行)
2cm(6行)
14.5cm(60行)
3.5cm(12行)
4cm(14行)

6行上下针
8行下针

52cm
(136针)

围巾示意图

7cm

170cm
(442针)
起针

围巾

上下针编织

10cm
(42行)

帽子示意图

系带

52cm

上下针编织

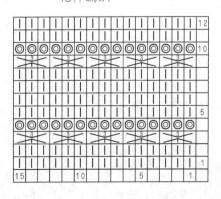

10
5
1
10   5   1

花样编织

12
10
5
1
15   10   5   1

系带

下针编织

(4针)
起针

100cm

191

紫韵

【成品规格】披肩长150cm，披肩宽64cm

【编织工具】7号棒针

【编织材料】创新梦妮莎雪手编极品山羊绒细纱线200g左右，配线70g左右

【编织要点】

　　1. 披肩用2股山羊绒加一股配线编织，披肩由三角形主体和外围边花和流苏组成。

　　2. 披肩主体的织法：从底部起192针，织130行花样A，每组花样15针，共18个花样，两边按照2-1-13、2-1-52减针先两边正面各减1针，再正面和反面各减1针，减到披肩织完。

　　3. 披肩外围的边花和流苏的织法：钩织2行花样B，两个边花钩1个流苏。

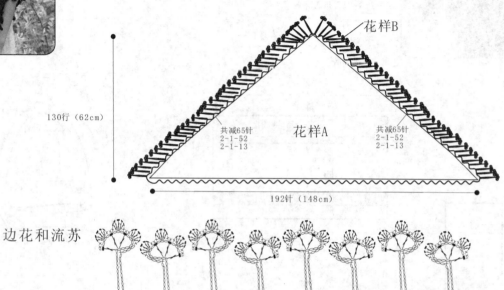

花样B

130行（62cm）

共减65针
2-1-52
2-1-13

花样A

共减65针
2-1-52
2-1-13

192针（148cm）

边花和流苏

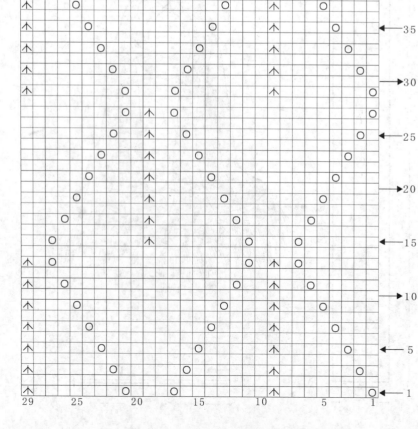

花样A

针法说明：

- □=Ⅰ= 下针
- −= 上针
- 入= 左上2针并1针
- 入= 右上2针并1针
- ○= 空针
- ⋏= 中间在上3针并1针
- ∘= 锁针
- ×= 短针
- ↑= 长针
- ●= 滑针
- ▶= 编织起点
- ▶= 断线
- →= 编织方向

灰霭

【成品规格】围脖长30cm，下摆110cm，帽口52cm，帽深19cm

【编织工具】2.3mm钩针

【编织材料】灰色毛线60g，蓝色毛线60g

【编织要点】

帽子：1. 依照花样编织图从帽顶起12针，依照结构图加针方法所示共编织24行。

2. 依照饰花编织图所示编织完整饰花，并固定在帽片上。

披肩：1. 依照花样编织A编织15个花样，后首尾相接。

2. 在花样A上端圈状挑针钩织440针，依照花样编织B进行编织。

3. 编织一条长为120cm的系带，作为腰带。

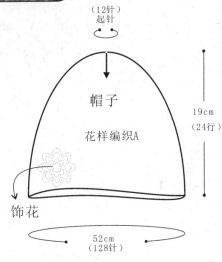

饰花

披肩

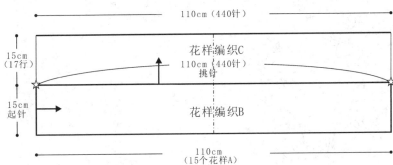

披肩示意图

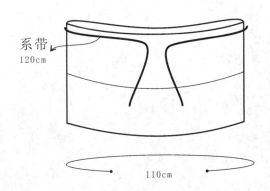

花样编织B

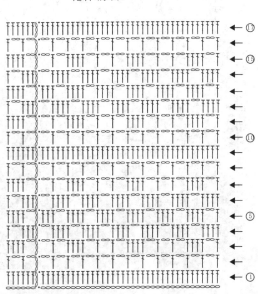

花样编织A

花样编织B

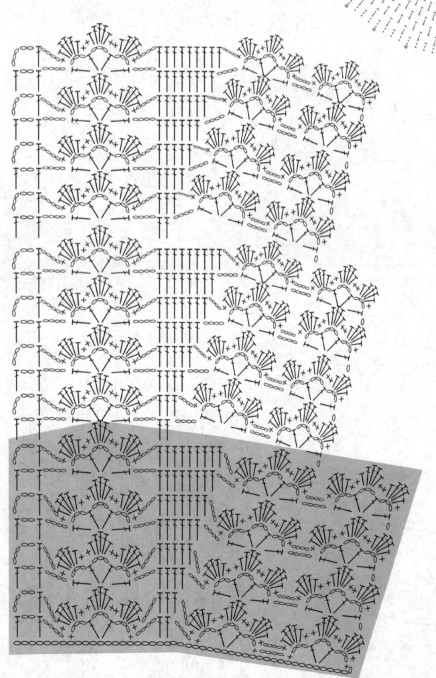

太阳花

【成品规格】围巾长140cm，围巾宽18cm；帽口78cm，帽深19cm

【编织密度】花样编织A：$10cm^2$=26针×40行；花样编织B：$10cm^2$=22针×31行

【编织工具】8号棒针，3.0mm钩针

【编织材料】玫红色毛线350g

【编织要点】

帽子：1. 从帽口起240针，编织花样A40行，再依照每3行减1针编织80次，共减80针，再依照结构图减针方法进行8次减针，共减152针，最后留8针。

2. 编织饰花，固定在帽子上。

3. 在帽檐中心处放一根周长为90cm的圆形帽撑，并把帽檐对折固定。

4. 编织一条长为100cm长系带，缝合在帽檐缝口处。

围巾：1. 从围巾一侧起38针，依照花样编织B编织372行。

2. 在围巾两侧分别挑针钩针10个花样编织C。

3. 分别在两侧固定相应流苏。

帽子示意图

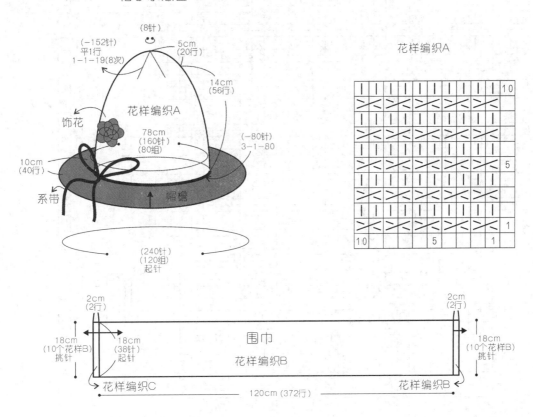

(8针)

(−152针)
平1行
1-1-19(8次)

5cm
(20行)

14cm
(56行)

饰花

花样编织A

78cm
(160针)
(80组)

(−80针)
3-1-80

10cm
(40行)

系带

帽檐

(240针)
(120组)
起针

花样编织A

围巾

2cm
(2行)

2cm
(2行)

18cm
(10个花样B)
挑针

18cm
(38针)
起针

围巾
花样编织B

18cm
(10个花样B)
挑针

花样编织C

120cm (372行)

花样编织B

围巾示意图

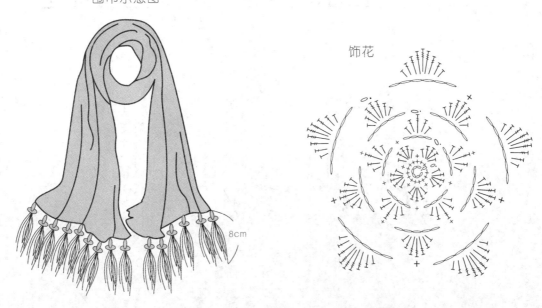

8cm

饰花

花样编织B

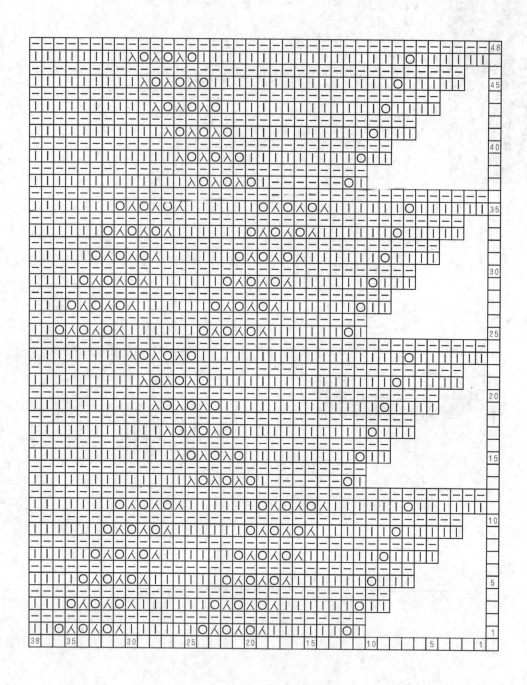

花样编织C

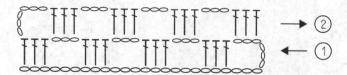